交通建设安全生产培训教材

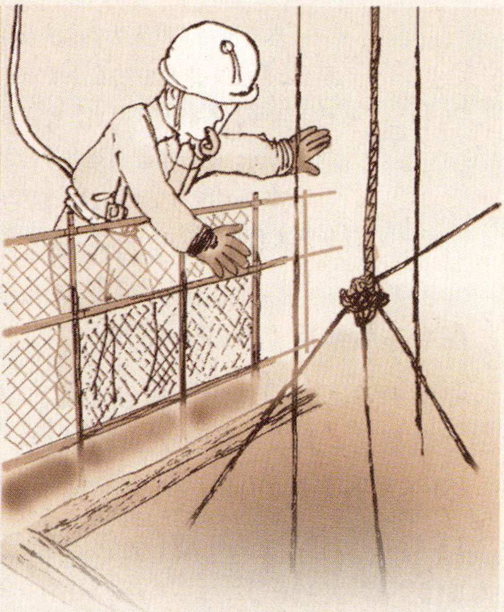

守护平安

——交通建设工程安全生产要点集

中华人民共和国交通部

人民交通出版社
China Communications Press

内 容 提 要

本书围绕“以人为本，关注生命”的安全理念，全面介绍了安全生产法律法规要点，对工序作业中的安全要点，以及公路水运工程施工各环节的安全作业要点进行了阐释。本书重点突出，要言不繁，对一些重要的安全禁忌事项还配以幽默活泼的卡通画，是一本非常适合于一线施工人员学习的“施工安全一本通”。

本书可作为交通建设工程单位安全生产培训教材，也可供施工作业人员和安全管理人员在工作中学习参考。

图书在版编目（CIP）数据

守护平安：交通建设工程安全生产要点集 / 中华人民共和国交通部. -- 北京：人民交通出版社，2006.6（重印 2007.7）

ISBN 978-7-114-06014-4

Ⅰ. 守…　Ⅱ. 中…　Ⅲ. 交通工程－安全生产－基本知识　Ⅳ. X951

中国版本图书馆 CIP 数据核字（2006）第 050712 号

书　　名：守护平安
——交通建设工程安全生产要点集
著 作 者：中华人民共和国交通部
责任编辑：沈鸿雁　毛　鹏
出版发行：人民交通出版社股份有限公司
地　　址：（100011）北京市朝阳区安定门外外馆斜街 3 号
网　　址：http://www.ccpress.com.cn
销售电话：（010）59757973
总 经 销：人民交通出版社股份有限公司发行部
经　　销：各地新华书店
印　　刷：北京市密东印刷有限公司
开　　本：787×980　1/16
印　　张：6.75
字　　数：168 千
版　　次：2006 年 6 月　第 1 版
印　　次：2017 年 11 月　第 16 次印刷
书　　号：ISBN 978-7-114-06014-4
印　　数：54001－57000 册
定　　价：25.00 元
（有印刷、装订质量问题的图书由本社负责调换）

编委会

序

守护平安

——致交通建设从业者

《守护平安——交通建设工程安全生产要点集》与您见面了，很高兴借此机会与您交流，并向你们致以我良好的祝愿。

交通是国民经济和社会发展的先导，在繁荣经济、提高人民生活质量方面起着至关重要的作用。改革开放以来，我国交通建设取得了巨大成绩，这成绩里面有你们的一份贡献。正是你们辛勤的劳动，换来了交通建设事业一日千里的发展。借此机会，向你们表示衷心的感谢！

交通建设工程施工安全风险较大。其一，工作环境艰苦，施工条件恶劣，施工场所或是在江河湖海之上，或是在崇山峻岭之中，或高空，或地下，工作环境决定了交通建设工程施工存在着较大的安全风险。其二，施工作业多采用机械化、爆破作业施工，这其中也存在许多的安全风险因素。因此，从事交通建设工程，尤其是施工现场作业人员，安全风险是时刻存在的。所以，我们要提高自己的安全意识，自觉学习掌握起码的安全常识，严格遵守施工现场的安全管理规定，熟练掌握安全操作规程，加强自我防范意识。只有那样，我们才能做到“不伤己，不伤人，不被别人所伤”，才能处险境而自知，遇险情而善于自救，将施工作业中的安全风险降到最低。

加强安全生产培训与教育，是践行“以人为本，关爱生命”的安全理念和落实科学发展观的具体体现。基于上述想法，交通部基本建设质量监督总站组织国内交通建设工程安全管理方面的学者、专家，编写了《守护平安——交通建设工程安全生产要点集》这样一本培训教材。该教材图文并茂，深入浅出地讲解了交通建设工程安全作业要点，指导各种常见工序的安全作业，也将向您讲述作业人员关于安全方面的权利与义务、职业健康防护常识以及安全事故案例等。这本教材的编写，凝聚了许多人的心血，记录了许多用生命换来的经验与教训，希望您能仔细阅读、悉心体会。这将有助于提高您的安全意识，帮助您掌握相应的安全知识，成为您实现安全生产的好帮手。

您在阅读本书前，我还要真诚的送给您“两个牢记，一个务必”。

牢记：人的生命是最宝贵的。

生命对于每个人只有一次，如果生命都不存在了，其他一切都无从谈起。施工现场，安全风险无时不在，您必须时时想到“生命无价”，确保人身安全是第一位的。

牢记：安全生产是一种责任。

安全生产，不仅是对自己责任，更是对家人负责，对社会负责。每一次事故的警笛，都揪人心弦，每一次惨痛的事故，都给亲人心头留下永久的痛，安全生产牵动人心。安全生产，不仅仅关系你自己，更多的是关系到你我他。

务必：务必使重视安全生产成为一种习惯。

工地现场情况复杂，常常因小小的疏忽或操作失当酿成重特大事故。因此，我们要切记，安全生产无小事。要重视安全生产的每个细节，使得认真执行安全生产相关规定成为我们的习惯。只有这样，才能做到“小心驶得万年船”。

有备未必无患，无备必有大患，安全生产，不能“不拘小节”，更不能心存侥幸，一定要变“要我安全”为“我要安全”，做安全生产的主导者，坚决对违章作业、违章指挥说不。严格遵守劳动纪律只有这样，才能实现您的安全您做主。

最后，我也还想对施工企业负责人说几句话。加大安全生产的治本力度，加强安全生产的培训教育，这是落实科学发展观、构建和谐社会的必然要求，是实现好、维护好广大人民群众根本利益的必然要求。诚然，加强安全生产教育与培训，需要一定的投入，会损失一些短期的效益。但是，对于企业而言，我们一定要从对社会负责、对企业员工负责这个大局着眼提高对安全生产重要性的认识；从长远看，减少安全事故，也会为企业赢得良好声誉，为企业的持续稳定发展奠定良好的基础。因此，我们一定要弃那种不合时宜的忽视安全生产的发展理念，扎扎实实、持续不断地抓好安全培训教育与安全生产工作，真正实现安全生产、文明生产。

安全生产，是你我共同的责任。从我做起，关注安全，让我们共同“守护平安”，为交通建设工程安全的发展做出自己的贡献。

交通部部长 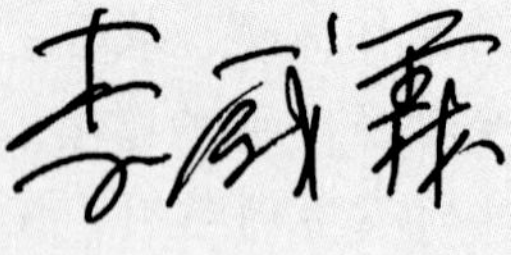

2006年5月

前言

安全生产关系到国家稳定发展大局，是构建和谐社会的重要基础，也是确保交通建设顺利发展的头等大事。为贯彻落实全国安全生产工作会和全国公路水运工程安全生产座谈会的会议精神，进一步落实《安全生产法》、《建设工程安全生产管理条例》和《国务院关于进一步加强安全生产工作的决定》，关注交通建设第一线生产人员的健康和安全，强化安全生产意识，交通部组织编写了《守护平安——交通建设工程安全生产要点集》这本书，以指导工程施工一线人员安全生产的培训学习。

本书由交通部基本建设质量监督总站组织中国交通建设集团有限公司、中交建设集团第一公路工程局、中交建设集团第二公路工程局、北京市路政局、上海市市政工程质量监督站、铁道部隧道工程局、人民交通出版社等单位的有关专家，针对公路水运工程施工的专业特点开展编写工作。本书适用于作为交通建设工程现场人员安全生产培训教材，也可供从事交通建设安全生产管理工作的相关专业人员学习参考之用。

交通建设工程环境复杂，点多线长面广，交通建设安全生产工作影响因素多、技术要求高。本书在编写过程中，紧紧围绕“以人为本，关注生命”的安全理念，突出了工程施工中的安全技术要点，简明实用，便于学习掌握。同时，本书还针对一些重要的安全禁忌事项，配以活泼幽默的卡通画，以加强施工人员的理解和掌握。当然，由于编写时间紧，编者水平有限，书中难免存在不足之处，欢迎广大读者朋友提出宝贵意见和建议，以供本书修改和完善。

“以人为本，首先是以人的生命为本；科学发展，首先是实现安全发展”。我们每一个施工企业、每一位安全生产管理人员都有义不容辞的责任去关注劳动者的安全健康，消除安全隐患，创造良好的作业环境。而我们每一位施工作业人员也应珍惜生命，关注健康，平时重视安全学习，掌握安全技术要点，施工作业中严格按章操作，严禁违章作业，杜绝粗心大意。只有那样，才能共同营造一个良好的施工作业环境。

“关注安全，从我做起”。让我们从学习本书开始，共同创造交通建设工程安全生产的良好局面。

编委会

2006 年 5 月

目录

综合篇

公路工程篇

水运工程篇

综 合 篇

1 安全生产有关法律法规

安全生产法律是国家法律体系中重要组成部分，是改善劳动条件、实现生产安全、保护劳动者在生产过程中的健康和安全而采取的总的措施，施工生产中必须认真贯彻落实。

1.1 法律规定从业人员的权利

1.1.1《安全生产法》有关规定

(1)知情权。生产经营单位的从业人员有权了解其作业场所和工作岗位存在的危险因素、防范措施及事故应急措施，并有权对本单位的安全生产工作提出建议。

(2)批评、检举、控告权。从业人员有权对本单位安全生产工作中存在的问题提出批评、检举、控告，生产经营单位不能因此而降低其工资、福利待遇或者解除与其订立的劳动合同。

(3)拒绝权。从业人员有权拒绝生产经营单位的违章指挥和强令冒险作业。

从业人员有权拒绝生产经营单位的违章指挥和强令冒险作业。

(4)紧急避险权。从业人员发现直接危及人身安全的紧急情况时，有权停止作业或者在采取可能的应急措施后撤离作业场所，生产经营单位不得因此降低其工资、福利待遇或者解除与其订立的劳动合同。

(5)依法向本单位提出赔偿的权利。因生产安全事故受到损害的从业人员，除依法享有工伤保险外，依照有关民事法律尚有获得赔偿的权利的，有权向本单位提出赔偿要求。

1.1.2《建筑法》有关规定

作业人员有权对影响人身健康的作业程序和作业条件提出改进意见，有权获得安全生产所需的防护用品。作业人员对危及生命安全和人身健康的行为有权提出批评，有权检举控诉。

1.2 法律规定从业人员的义务

(1)遵守安全生产规章制度和操作规程的义务。从业人员在作业过程中，应当严格遵守本单位的安全生产规章制度和操作规程，服从管理，正确佩戴和使用劳动防护用品。

(2)接受安全生产教育和培训的义务。生产生产经营单位的从业人员应当接受安全生产教育和培训，掌握本职工作所需的安全生产知识，提高安全生产技能，增强事故预防和应急处理能力。

(3)危险报告义务。从业人员发现事故隐患或者其他不安全因素，应当立即向现场安全管理人员或者本单位负责人报告，接到报告的人员应当及时予以处理。

1.3 工伤保险条例有关规定

(1)用人单位应当按照有关法律法规的要求为企业职工办理工伤保险，并按时为职工缴纳工伤保险费。职工个人不缴纳工伤保险费。

(2)职工有下列情形之一的，应当认定为工伤，有关单位和个人应参照工伤保险条例进行妥善处理：

①工作时间和工作场所内，因工作原因受到事故伤害的；

②工作时间前后在工作场所内，从事与工作有关的预备性或者收尾性工作受到事故伤害的；

③在工作时间和工作场

所内，因履行工作职责受到暴力等意外伤害的；

④患职业病的；

⑤因工外出期间，由于工作原因受到伤害或者发生事故下落不明的；

⑥上下班途中，受到机动车事故伤害的；

⑦法律、行政法规规定应当认定为工伤的其他情形。

(3)职工有下列情形之一的，视同工伤：

①在工作时间和工作岗位，突发疾病死亡或者在48小时之内经抢救无效死亡的；

②在抢险救灾等维护国家利益、公共利益活动中受到伤害的；

③职工原在军队服役，因战、因公负伤致残，已取得革命伤残军人证，到用人单位后旧伤复发的。

(4)职工有下列情况之一的，不得认定为工伤或者视同工伤：

①因犯罪或者违反治安管理伤亡的；

②醉酒导致伤亡的；

③自残或者自杀的。

(5)施工单位应当为施工现场从事危险作业的人员办理意外伤害保险。

1.4 职业伤害事故的主要类型

按照我国《企业伤亡事故分类》(GB 6441—1986)标准规定，职业伤害事故分为20类，即：物体打击、车辆伤害、机械伤害、起重伤害、触电、淹溺、灼烫、火灾、高处坠落、坍塌、冒顶片帮、透水、放炮、火药爆炸、瓦斯爆炸、锅炉爆炸、容器爆炸、其他爆炸、中毒和窒息、其他伤害等。

2 安全生产管理要点

为了保证安全生产管理有效，施工企业应根据有关法律法规制定安全生产管理制度，并对项目管理人员和作业人员提出安全生产管理的基本要求。

2.1 管理人员安全生产基本要则

(1)坚持“管生产必须管安全”的原则，安全与生产必须同时计划、布置、检查、总结和评比。

(2)安全设施必须执行与主体工程“三同时”原则，即安全设施与主体工程同时施工，同时验收，同时投入使用。

(3)对新进场的劳动者必须安排三级教育：公司教育、项目教育、班组教育。对转换工作和离岗后重新上岗人员，必须重新安排三级安全教育，之后才允许上岗。

(4)根据“安全第一，预防为主”的指导方针，加强对劳动者劳动保护的管理措施和工程技术措施，切实保护劳动者在生产过程中的安全健康。

(5)对未成年工(年满16周岁、未满18周岁的劳动者)不得安排从事有毒有害作业及特别繁重的体力劳动，不得安排加班加点和夜班的工作。

2.2 作业人员安全生产基本要则

(1)作业人员要服从管理，掌握安全生产规定及相关技能，持证上岗。

(2)进入作业现场，作业人员必须按规定穿戴好个人劳动防护用品。

进入施工现场必须戴安全帽，系好帽扣。

高处作业必须系好安全带，挂牢后使用。

电气作业人员要穿绝缘靴，戴绝缘手套和安全帽。

水上作业必须穿救生衣。

电气焊作业必须戴电气焊手套，穿绝缘靴，使用防护面罩和护目镜。

从事有尘、有毒、噪声等有害作业的人员，须佩戴相应的防尘、防毒口罩、噪声耳塞等。

（3）在作业过程中，作业人员必须忠于职守，不得擅离岗位。

（4）杜绝“三违”——违章指挥、违章作业、违反劳动纪律。

2.3 作业人员对工程项目应了解的安全要点

（1）本工程项目的施工作业特点和危险源、危险点。

（2）针对危险源、危险点的具体预防措施。

（3）相应的安全操作规程和标准。

（4）本项目应该注意的安全事项。

（5）发生事故后应该采取的避难和紧急救援措施。

2.4 作业人员应接受的安全教育与培训

（1）安全生产思想教育。

（2）安全知识培训教育。

（3）安全技能培训教育。

（4）典型事故案例教育。

普通的从业人员每年接受安全培训教育的时间不得少于规定学时。

2.5 发生事故后，我们应该做些什么？

（1）尽快采取安全的方法救护伤员；

（2）立即按规定报告事故，不得隐瞒不报。

（3）按“四不放过”原则进行调查分析处理，即：事故原因没有查清不放过；事故责任没有严肃处理不放过；广大职工没有受到教育不放过；防范措施没有落实不放过。

3 施工机械安全操作要点

机械设备安全管理制度主要包括机械安全生产管理制度和机械安全操作规程。作业人员只有严格遵守机械安全生产管理规定，严格执行安全操作规程，才能有效保证人机的安全。

(1)每种机械都必须制定相应的安全操作规程，严格执行国家或劳动部门颁发的有关规定。

(2)机械设备操作人员，必须经过专业培训考试合格。特种作业人员、特种设备操作、管理人员必须获得有关部门颁发的操作证或驾驶执照。

(3)机械作业时，操作人员不得擅离工作岗位，不准将机械设备交给非本机操作人员操作。严禁无关人员进入机械作业区和操作室内。工作时，思想要集中，严禁酒后操作。

(4)操作人员及配合作业人员在工作中必须按规定穿戴劳动保护用品。

(5)对于违反本机械操作规程的指挥调度，操作人员有权拒绝执行，任何组织或个人不得强迫操作人员违章作业。

(6)机械设备在夜间作业时，作业区内应有充足的照明。

(7)在有碍机械设备安全及人身健康的场所作业时，机械设备应采取相应的安全措施。操作人员须配备适用的安全防护用具。

(8)机械设备必须按要求配备经公安消防部门检定合格的消防用品。严禁机械设备带病运转或超负荷运转。

(9)操作人员必须严格执行工作前的检查制度、工作中的观察制度和工作后的检查保养制度。

(10)操作人员应认真准确地填写运转记录、交接班记录或工作日志。多班作业要严格执行交接班制度。交接班时，要交待清楚机械设备的运转情况、润滑保养情况及施工技术要求等。

(11)机械设备在施工现场停放时，必须注意选择好停放地点，关闭好驾驶室(操作室)，并拉上驻车制动装置。坡道上停机时，要打好掩木或石块。夜间停放的机械设备应有专人看管。

坡道上停机时，要打好掩木或石块。

(12)机械设备在保养或修理时，要特别注意安全。禁止在机械设备运转中冒险进行保养、修理。禁止在工作机构没有保险装置的情况下，在工作机构下面工作。

4 施工现场安全要点

施工现场是施工人员工作生活的主要场所，现场安全措施处理不当，会给施工人员安全带来巨大不利。本章列举了一些施工现场必须注意的安全要点，现场工作人员应重视并遵守。

4.1 施工临时用电安全要点

(1)工程项目开始之前必须编制施工临时用电方案。

(2)只有经过培训、考试合格并持有操作证的电工才能从事电气作业。电工和用电人员工作时，必须按规定穿戴绝缘防护用品，使用绝缘工具。

(3)电器连接、维修必须由专业电工完成，非电工严禁操作。

(4)工地必须达到完全的漏电保护配置，严禁使用漏电保护装置有故障的电器用具，更不可蓄意破坏。施工现场照明设施的布置应符合安全规程的要求。

(5)使用电动工具前应先检查它是否完好无损，发现故障应立即向领导报告，并及时进行维修或更换。

(6)电器用具用完必须关掉电源，电缆线应随时吊挂。

(7)电气设备的维修，应停电作业，并悬挂"禁止合闸，有人工作"的停电标志牌。

4.2 施工现场防雷安全要点

雷雨天气时，作业人员在施工现场应注意防雷。特别是对塔式起重机、拌和楼、物料提升机、外用电梯等高大机械设备，以及钢脚手架、在建金属结构等高架设施，应重点防雷。雷雨天气时，现场施工人员应远离这些高大设备和设施。

4.3 施工现场防火安全要点

(1) 可燃材料堆放区距施工区、生活区不得小于25米。

(2)施工现场应按规定设置消防器材，并有明显标志，夜间设红色警示灯。消防器材必须垫高放置，周围3米内不准放任何物品。

(3)施工现场内禁止吸烟。

(4)施工现场的易燃危险品和爆炸物品的堆放和使用应严格遵守规定。在电气设备和线路周围不能堆放易燃易爆物品和腐蚀介质。

(5)在高压线下禁止搭建暂设建筑和堆放易燃、可燃物品。

(6)冬季施工期，因风大物燥，应特别注意预防火灾。

(7)在雨季与高温季节施工时，应避免外露的电器设备被雨淋湿，从而导致电气设备漏电失火。

(8)不在电气设备周围使用火源。在变压器、

发电机等场所严禁烟火。

(9)施工企业员工应学会常用灭火器材的使用方法。

4.4 施工现场交通措施安全要点

(1)施工现场急弯和陡坡地段应设置明显的交通标志，与铁路交叉处应有专人看管，并设置信号装置和落杆。

(2)靠近河流和陡坡处的道路应设置护栏和明显的警告标志。

(3)在边通车边施工地段，作业人员应在红白相间隔离栅或围挡内进行作业。道路作业人员必须穿带有反光条纹、具有警示标志作用的工作背心，才能上路作业。

(4)便道处于傍山时，要注意边缘的危石处理，防止滑坡、塌方破坏便道，伤害人员。

(5)便桥必须牢固可靠，桥面满铺木板，通过便桥的电线、电缆必须绝缘良好，并固定在桥的一侧。

(6)临时码头应按设计施工，并配备相应的安全防护设施，码头的附属设施如跳板、支撑、船环、柱桩等应牢固可靠。

5 工序作业中的安全要点

任何一个建筑物的建成都是通过施工工序实现的，如果工序安全得到了保障，工程项目的安全就有了基本保证。本章所列的是一些主要工序的安全要点，作业人员应严格遵守。

5.1 模板作业场地安全要点

模板作业场地应远离高压线。作业场地应搭设作业棚，设防火通道，配备防火器具，四周设置隔离围栏，严禁烟火。

5.2 模板支立与拆除安全要点

(1)在基坑或围堰施工时，应先检查有无塌方现象，确认无误后，方可操作。

(2)不得抛掷吊送材料和工具。机械吊送应有专人指挥。模板要捆绑结实，基坑内的操作人员要注意躲避吊送的料具。

(3)机械吊运模板时，起吊后下面不得站人或有人通行。模板下放，距地面1米时，作业人员方可靠近操作。

(4)高处作业应将所需工具装在工具袋内。传递工具不得将工具放在平台和木料上，不得插在腰带上。

(5)用斧锤作业时，注意照顾四周和上下的安全，防止误伤他人。

(6)拆除模板不得双层作业。3米以上模板在拆除时，应用绳索拉住或用起吊设备拉紧，缓慢放下。

(7)模板支拆方法、时间顺序应严格按照施工组织设计要求进行。

5.3 支架与脚手架施工安全要点

(1)不得使用腐朽、劈裂、大节疤的圆木及锈蚀、扭曲严重的万能杆件和钢管等。

(2)脚手架敷设的安全设施应经常检查，确保操作人员安全通行。

(3)材料工具要堆放整齐，积雪和杂物应及时清除。

(4)在脚手架上的作业人员应配带救生设备。

(5)拆除脚手架，应设置护栏或警戒标志，并

应自上而下拆除，不得上下双层作业。拆除的脚手杆、板应用人工传递或吊机吊送，严禁随意抛掷。

5.4 钢筋施工安全要点

(1)钢筋切断机在运转中，严禁用手直接清除切刀附近的断头和杂物。钢筋摆动周围和切刀附近，非操作人员不得停留。

(2)钢筋弯曲机作业中，严禁进行更换芯轴、销子和变换角度以及调速等作业，亦不得加油或清扫。

(3)严禁在弯曲钢筋的作业半径内和机身不设固定销的一侧站人。

(4)转盘换向时，必须在停稳后进行。

(5)钢筋调直及冷拉场地应设置防护挡板，作业时，非作业人员不得进入现场。

(6)采用人工锤击切断钢筋时，使锤人员和把扶钢筋、剪切工具人员身位要错开，并防止断下的短头钢筋弹出伤人。

5.5 焊接施工安全要点

5.5.1 电焊

(1)电焊机要在设在干燥、通风良好的地点，周围严禁存放易燃易爆物品。

(2)电焊机应设置单独的开关箱，作业时应穿戴防护用品，施焊完毕，拉闸上锁。

(3)在潮湿地点工作，电焊机应放在木板上，操作人员应站在绝缘胶板上或木板上工作。

(4)严禁在带压力的容器和管道上施焊。焊接带电设备时，必须先切断电源。

(5)贮存过易燃、易爆、有毒物品的容器或管道，焊接前必须清洗干净，并将所有孔口打开，保持空气流通。

(6)在密闭的金属容器内施焊时，必须开设进出风口。容器照明电压不得超过36伏。焊工身体与容器壳之间应有绝缘材料隔开。施焊过程中每隔半小时到1小时外出10到15分钟，并应有安全人员现场监护。

(7)把线、地线不得与钢丝绳、各种管道、金属构件等接触，不得用这些东西代替接地线。

(8)移动电焊机时，必须先切断电源，检查现

场，清除焊渣。不得用拖拉电缆的方法移动电焊机。

(9)在高空焊接时，必须系好安全带。焊接周围应备有消防设施。

(10)焊接模板中的钢筋、钢板时，施焊部位下面应垫石棉板或铁板。

5.5.2 气焊

(1)气焊作业应遵守有关规定。乙炔发生器应采用用定型产品，必须备有灵敏可靠的防止回火的安全装置。

(2)乙炔发生器与氧气瓶不得同放一处，距易燃易爆品不得少于10米。严禁用明火检查是否漏气。氧气、电石应随用随领，下班后送回专用库房。

(3)乙炔发生器与氧气瓶受热不得超过35℃，防止火花和锋利物件碰撞胶管。气焊枪点火时应按“先开乙炔，先关乙炔”的顺序作业。

(4)氧气瓶、氧气表及焊割工具的表面严禁沾污油脂。

(5)乙炔发生器应每天换水。严禁在浮筒上放置物件，不得用手在浮筒上加压和摇动，添加电石时严禁用明火照明。

(6)乙炔发生器不得放在电线的正下方，焊接场地距离明火不得小于10米。

(7)氧气瓶应设有防振胶圈，并旋紧安全帽，避免碰撞、剧烈振动和强烈阳光曝晒。

(8)乙炔气管用后需清除管内积水。胶管回火的安全装置结冻时应用热水溶化，不得用明火烧烤。

(9)点火时焊枪不得对人。正在燃烧的焊枪不得随意乱放。

(10)电石应放在干燥的地方，移动或搬运应将桶上的小盖打开，轻移轻放。开桶时头部要闪开，不得用金属工具敲击桶盖。

(11)施焊时，场地应通风良好。施焊完毕，应将氧气阀门关好，拧紧安全罩。乙炔浮筒提出时，头部要避开浮筒上升方向。提出后应挂放，不得扣放在地上。雨雪天，不得进行露天作业。

5.6 起重吊装作业安全要点

(1)操作人员不得擅自离开岗位，作业中突然停电，应立即拉开闸刀，并将运送物件下降到地点，不得悬在空中。

(2)夜间起重吊装作业，应设置足够的照明。

(3)起重吊装作业中，高处作业人员应全神贯注，防止起重钓钩或索悬打击人体。

(4)如遇六级以上大风，应禁止起重吊装作业。

(5)在高处进行顶升作业的千斤顶，应有防止

其坠落的措施。

(6)顶升同一重物采用多台千斤顶时，应统一指挥，使各千斤顶同步升降，均衡一致。

5.7 高处作业安全要点

(1)高处作业人员应经过体检，合格后方可上岗。作业人员应按规定正确佩戴和使用安全防护用具。

(2)作业人员应通过安全扶梯或吊篮上下，不得沿着立杆或栏杆攀登。

(3)高处作业应设置联系信号或通讯装置，并专人负责。

(4)在雨雪天应采取防滑措施，在大风、暴雨、雷电、大雾等气候条件下不得进行露天高处作业。

5.8 拆除作业安全要点

(1)拆除施工严禁立体交叉作业，水平作业时各工位间应有一定的安全距离。

(2)在恶劣的气候条件(如大雨、大雪、浓雾，六级以上大风)影响施工安全时，严禁拆除作业。

5.9 施工电梯安全要点

(1)当电梯未切断总电源开关前，司机不能离开操纵岗位。

(2)司机工作时，工作服要扣紧，戴好安全帽。

(3)操作时司机必须精神集中，严禁与别人闲谈打闹、看书报等。

(4)电梯升降时乘坐人员必须服从司机指挥，否则司机有权拒绝升降。

(5)在视线差、大雾、雷雨、导轨冰冻等危险条件下禁止开车。大风情况下开车要小心，超过六级大风时严禁开车，吊笼停于地面。

(6)电梯电源合闸后司机不准离开吊笼。

(7)下班后必须要做的工作：

①打扫梯笼，整理工作现场；

②拉开电源开关，检查机械部分是否有损坏；

③做好当班记录；

④锁好驾驶员室并做好交接班。

5.10 水上作业安全要点

(1)水上施工作业人员，必须穿救生衣。严禁酒后上岗作业，严禁船员在船期间饮酒。

(2)水上作业船舶如遇有大风、大浪、雾天，超过船舶抗风浪等级或能见度不良时应停止作业。

(3)潜水作业人员应随时注意检查信号绳和供气管，防止相互绞缠。

(4)潜水员在未得到充分休息时，不得作业。

6 职业健康防护安全要点

从事交通建设工程的施工人员应对工作环境可能带来的职业健康问题有所了解，这样才能预防和避免相应的职业病。

(1)当在高温或烈日下工作时，应注意预防中暑。当出现头晕、出汗、口渴、恶心、胸闷、心悸、乏力等中暑先兆症状时，应当立即到阴凉处休息，并喝一些清凉饮料或使用防暑药品，如万金油、驱风油等，预防病情发展。

(2)高原烈日下工作要佩戴防护镜和加强屏蔽保护，遵守操作规程；操作电焊时要佩戴防护面罩。

(3)在水泥工作环境中要注意通风除尘，加强个人劳动保护。

(4)负责装卸、搬运和加热沥青工作的工人应注意劳动保护，预防沥青中毒。

(5)手持振动工具的作业人员，应戴双层衬垫无指手套或泡沫塑料无指手套，注意保暖防寒，预防振动病。

(6)潜水员应加强对异常气压工作区域的正确认识与正规训练，实施正确的减压操作步骤，预防减压病。

(7)作业人员在工地还应注意工地食品卫生安全。

(8)作业人员应了解常见传染病的常识，预防工地传染病。

公路工程篇

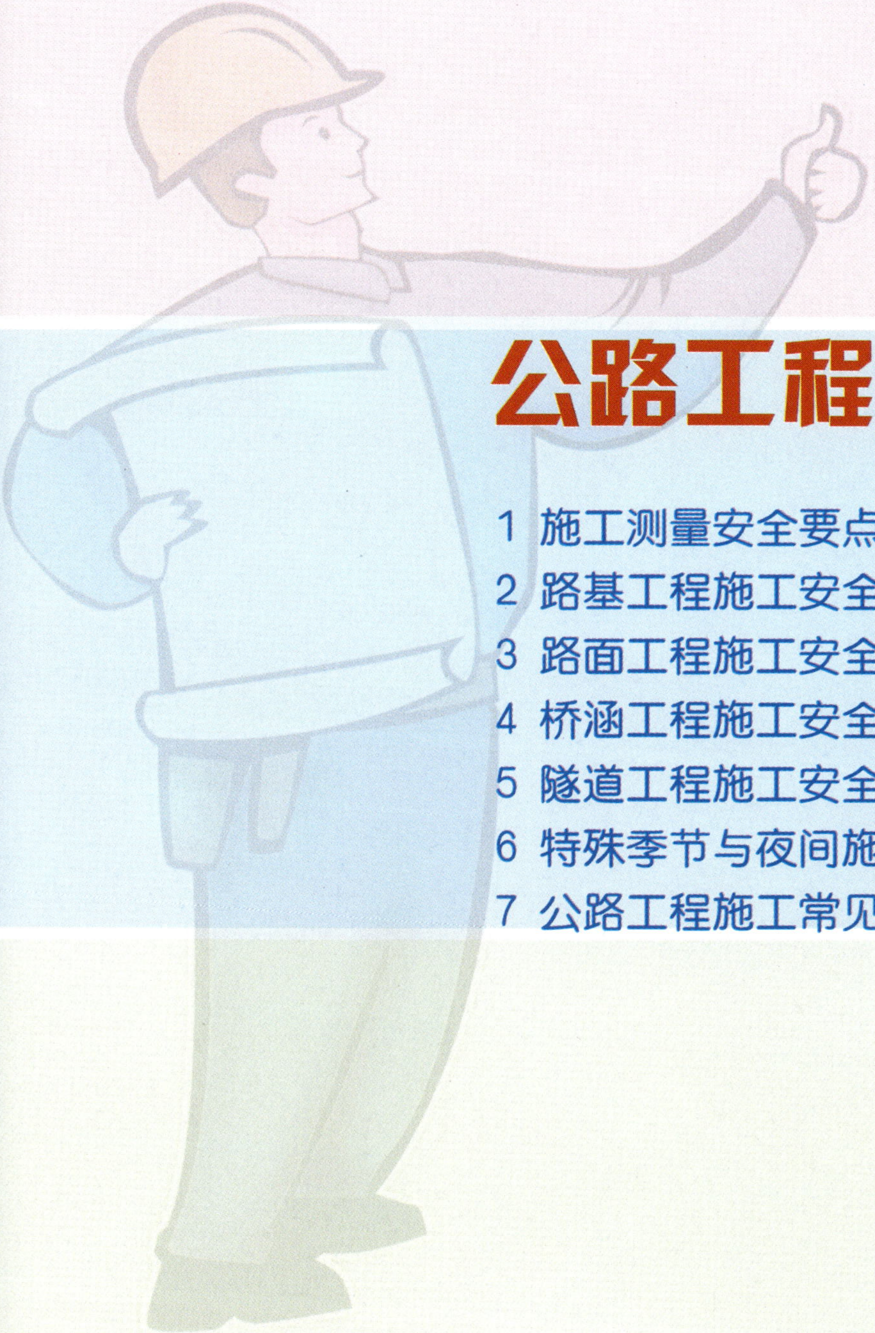

1 施工测量安全要点

施工测量是工程施工的前期准备工作。由于施工测量人员经常身处地形陌生而复杂的环境，因此应十分注意保障生命安全。

(1)测量人员在高压线附近工作时，必须保持足够的安全距离，遇雷雨时不得在高压线、大树下停留。

(2)在陡坡及危险地段测量时应系安全带，脚穿软底轻便鞋。

(3)在桥墩上测量时应有上下桥墩及防止人体坠落的安全措施。

(4)在公路、街道、交通繁忙的道路上测量时，必须有专人警戒，防止交通事故。

(5)水文测量人员应穿救生衣。夜间进行水文测量时，必须备有足够的照明设备。

(6)冰上测量时，应向当地有关部门了解冰的情况，确认无危险后，方可作业。

2 路基工程施工安全要点

路基工程主要指清理现场、土方工程、石方工程和防护工程，是易发生安全事故的重要环节，施工管理人员和作业人员应严格遵守安全作业规程。

2.1 清理现场安全要点

2.1.1 砍伐树木的安全要点

(1)在伐树范围内应设置警戒，非工作人员不得在范围内逗留和接近范围。

(2)伐树前应选好安全躲避的退路。

(3)清除的杂草、树木严禁放火焚烧，以防引起火灾。

(4)在陡坡悬岩处砍代树木，要防止树木伐倒后顺坡溜滑和撞落石块伤人。

(5)在山坡上严禁在同一地段的上下同时进行砍伐作业。

(6)大风、大雾和雨天不得进行伐树作业。

2.1.2 拆除建筑物的安全要点

(1)拆除作业之前，应将与拆除物相连通的电线、水、气管道切断，并在四周危险区域内设置安全护栏，配以必要的警告标志，设置夜间警示灯，非工作人员不得进入。

(2)拆除工序应由上而下，先外后里，严禁数层同时作业。

(3)搭设的脚手架，应在作业前进行检查，以确保安全。

(4)拆除过程中应注意观察结构的变化。对有倒塌危险的结构物应用可靠的临时支撑加固，严防拆除某部分而引起其他部位发生坍塌。

(5)拆除梁、柱之前，应先拆除其承托的全部结构物，严禁采用掏空、挖切和大面积推倒的拆除方法。

(6)拆除石棉瓦及轻型结构屋面工程时，严禁施工人员直接踩踏石棉瓦及其他轻型板进行作业，必须使用移动板梯，板梯上端必须挂牢，防止从高处坠落。

(7)在高处进行拆除工程时，对拆下材料应用吊绳或者起重机及时吊下或运走，禁止向下抛掷。

2.2 土方工程安全要点

2.2.1 土方施工安全要点

(1)人力挖掘土方必须自上而下顺序放坡进行，严禁采用挖空底脚的操作方法。开挖操作人员必须保持足够的安全距离，横向间距不小于2米，纵向间距不小于3米。

(2)高陡边坡处施工，必须遵守下列规定：

①作业人员必须绑系安全带，且必须挂牢。

②边坡开挖中如遇地下水涌出，应先排水，后开挖。

③开挖工作应与装运作业面相互错开，严禁上、下双重作业。

④弃土下方和有滚石危险的区域，应设警告标志，下方有道路时，作业时严禁通行。严禁在危石下方作业、休息和存放机具。边坡上方有人工作时，边坡下方不准站人。

⑤清理路堑边坡上突出的块石和整修边坡时，应从上而下顺序进行，坡面上的松动土、石块必须及时清除。坡面上的操作人员需戴安全帽。

⑥高边坡开挖时，作业人员要戴安全帽，并有专职人员对上边坡进行监视，防止上部塌方和物体坠落。

(3)施工中如发现山体滑动、崩塌迹像危及施工安全时，必须暂停施工，撤出人员和机具，并报上级处理。

(4)滑坡地段的开挖，应从滑坡体两侧向中部自上而下进行，严禁全面拉槽开挖，弃土不得堆放在主滑槽内。开挖挡墙基槽也应从滑坡体两侧向中部分段跳槽进行，并加强支撑，及时砌筑和回填墙背。施工中应设专人观察，严防塌方。

(5)在落石与岩堆地段施工，应先清理危石及设置拦截设施后再进行开挖。其开挖坡度应按设计进行，坡面上的松动石块应随挖随清除。

(6)岩溶地区施工，应特别注意处理岩溶水的涌出，以免导致突发性的坍陷。

(7)泥沼地段施工，应特别注意预防人、机下陷。挖土的弃土堆放在合适的地方，防止在汛期形成泥石流。

(8)沟槽（坑）回填时，必须在构筑物两侧对称回填夯实。

(9)电动蛙式夯机要求一人操作、一人扶持电缆进行辅助，严禁在夯机前方隔机扔电缆或背线拖拉前进。停用或搬运夯机时，应切断电源。

(10)机械在危险地段作业时，必须设置明显的警告标志，并有专人进行指挥。

2.2.2 挖掘机安全作业要点

(1)发动机启动后，铲斗内、臂杆、履带和机棚上严禁站人。

(2)卸料时，在不碰击自卸汽车任何部位的情况下，铲斗应尽量降低，并禁止铲斗从汽车驾驶室上越过。铲斗运转范围内严禁站人。

(3)作业时，严禁掏洞挖掘。

(4)禁止挖掘机在上下两个采掘段（面）内同时作业。在工作面内移动时，应先平整地面并排除通道内的障碍物。如需在松软地面上移动时，须在行走装置下垫方木。

(5)禁止在电线等架空物下作业，不准将满载铲斗长时间滞留在空间。

(6)挖掘机行走时，遇电线、交叉道、管道和桥梁时，须有专人指挥，挖掘机与高压电线的距离不得少于5米。

(7)挖掘机应尽可能避免倒退行走。

2.2.3 推土机安全作业要点

(1)上下斜坡时，在斜坡上不得改变运行速度。在行驶过程中，应直接向上或向下行驶，不得横向或对角线行驶。轮胎推土机不得在超过规定坡度的场地上作业。

(2)下坡时，禁止空挡滑行或高速行驶；下陡坡时，应放下推土铲使之与在地面接触倒退下坡。尽量避免在斜坡上转弯掉头。

(3)在陡坡高坎上作业时，必须有专人指挥，严禁铲刀超出边坡的边缘。松土终了应先换成倒挡后再提铲刀倒车。

(4)在坡地上工作时，若发动机熄火，应立即将推土机制动，用三角木等将推土机履带楔紧后，离合器脱开，变速杆放在空挡，方能启动发动机，以防推土机溜坡。

(5)工作中驾驶员需要离开机器时，必须将操作杆置于空挡位置，将推土机铲刀放下并将机器制动，熄灭发动机并拔掉钥匙后方可离开。

(6)多台推土机在施工现场联合作业时，前后距离应大于8米，左右距离应大于1.5米。

(7)工作现场有电线杆时，应在电线杆的周围设置安全土堆。

(8)若必须要在推土铲下进行维修等作业，则首先应将推土铲升到所需位置，先锁好分配器，锁住安全锁，并用垫块将推土机刀铲垫牢固后，方可进行作业。

(9)推土机刀片不得推坡壁上高于机身的孤石或大土块。

2.2.4 平地机安全作业要点

(1)在陡坡上作业时，不得使用铰接机架，以防止翻车造成严重的人机损伤。。

(2)在陡坡上来回进行作业时，刮刀伸出的方向应始终朝向下坡方向。

(3)平地机作业时，刮刀与机架中心线的工作夹角应在15°～75°的范围内。

(4)高坡切削时，应确保双轴驱动轮靠近坡脚，同时让转盘和刮刀尽可能朝向平地机工作的一边侧移。

(5)在坡道停放时，应是车头向下坡方向，并将刀片或松土器压入土中。

2.2.5 装载机安全作业要点

(1)除驾驶室外，机上其他地方严禁载人。

(2)装料时应低速进行，不得采用加大油门、高速将铲斗插入料堆的方式进行装料。

(3)向车上卸料时，必须将铲斗提升到不会触及车箱挡板的高度，严防铲斗碰撞车箱。不准将铲斗从汽车驾驶室顶上越过。

(4)装载机作业时，铲斗下边严禁站人。

(5)操作人员离开驾驶位置时，必须将铲斗落地。

2.2.6 运输车安全作业要点

(1)必须按规定吨位装载，不得超载超高，不得人货混载，驾驶室内不得超额坐人。

(2)装、卸土场地都要设专人指挥车辆行走和装卸土。

(3)卸土时，严禁在驾驶室外进行翻斗操作，翻斗内严禁站人。

(4)卸料起斗时，应检视上空有无电线。

(5)特别注意：严禁边倒车边起斗或在猛进猛退中起斗。严禁卸料斗在上翻状态行驶。

(6)在陡坡、高坡、坑边或填方边坡卸土时，停卸地点应平整坚实，地面有反坡，车辆与坑、坡边缘保持安全距离。

(7)危险地段卸车应有专人指挥。指挥人员不得站在车辆后部，应站在驾驶员看得见的地方。

2.2.7 压路机安全作业要点

(1)压路机启动时，要特别注意前后左右的情况，在周围无人和障碍物时方可启动。

(2)压路机碾压傍山道路时，必须由里侧向外侧碾压。压路机在填方路堤边缘作业时，要注意与边缘保持安全距离。

(3)特别注意：压路机不能上陡坡。

(4)两台以上压路机同时作业，其前后间距不得小于3米，在坡道上纵队行驶时，其间距不得小于20米。

(5)压路机作业时，驾驶员应随时注意前后左右的情况，防止压伤其他工作人员。

2.3 石方工程安全要点

2.3.1 爆破器材管理

(1)爆破器材应严格管理，必须实行实报实销，剩余的爆破器材必须当日退库，严禁私自收藏，乱丢乱放，更不得用爆炸物品炸鱼、炸兽等。发现爆破器材丢失、被盗应立即报告，等候处理。

(2)作业人员在保管、加工、运输爆破器材过程中，严禁穿着化纤衣裤。爆破器件应按规定要求进行检验，对失效及不符合技术条件要求的不准使用。

(3)爆破器材应有专人领取。应避开人员密集地段，并直接送往工地，中途不得停留，并不得随地存放或带入宿舍。

(4)制作起炸药包（柱），应在专设的加工房或爆破现场的专用棚内进行。棚内不准有电气、金属设备，无关人员不得入内。

2.3.2 爆破作业安全要点

(1)选择炮位时，炮眼口应避开正对电线、路口和构造物。

(2)凿打炮眼时，坡面上的浮土和危石应予以清除。严禁在残眼上打孔。

(3)机械扩眼，宜采取湿式凿岩或带有捕尘器的凿岩机。

(4)人工打眼时，使锤人应站在掌钎人侧而，严禁面对面使锤。

(5)严禁由一人同时搬运炸药与雷管。严禁电雷管与带电物品一起携带运送。

公路工程篇

(6)扩药壶时，孔口的碎石、杂物必须清除干净。

(7)超过5米的深孔不得使用导火索起爆。

(8)装炮作业必须遵守以下规定：

①装药前应对炮眼进行验收和清理。对刚打成的炮眼应等其冷却后装药，湿炮眼应擦干后才能装药。

②严禁烟火和明火照明。无关人员必须远离现场。

③应用木质炮棍装药，严禁使用金属器皿装药。深孔装药出现堵塞时，在未装入雷管和起爆药前，可采用铜和木质长杆处理。

(9)已装药的炮孔必须当班爆破，装填的炮孔数量应以一次爆破的作业量为限。

(10)爆破作业必须有专人指挥。确定的危险边界应有明显标志，警戒区四周必须有专人警戒。

(11)导火索起爆应采用一次点火法点火，不得在同次爆破中使用不同燃速的导火索。露天爆破，一人连续点火的导火索不得超过10根。多人同时点炮时，每人点炮数量应相同。

(12)导火索点燃后，人员应迅速远离。严禁采用先点燃导火索再将药柱抛入孔底的危险操作方法。

(13)爆破时，应点清爆炸数与装炮数量是否相符。

(14)电力起爆必须注意：在同一爆破网路上必须使用同厂、同型号的电雷管，其电阻值差应控制在±0.2欧姆以内。

(15)爆破后撬动岩石必须由上而下逐层撬(打)落，严禁上下双重作业，不得将下面撬空使其上部自然坍落。

2.4 防护工程安全要点

2.4.1 防护工程作业安全提示

(1)边坡防护作业，注意脚手架必须落地，严禁采用支挑悬空脚手架。

(2)砌石作业必须自下而上进行。护墙砌筑时，墙下严禁站人。

(3)抹面、勾缝作业必须先上后下。不得上面砌筑、下面勾缝。

(4)严禁在坡面上行走，上下必须用爬梯。架上作业时，架下不准有人操作或停留。

2.4.2 砂浆喷射机作业安全要点

(1)搅拌机在运转中不得用手或木棒等伸进筒内。作业中如发生故障，应立即切断电源。

(2)砂浆喷射机、砂浆输送泵等在检修时，应先打开泄浆阀使压力下降，然后再排除故障。

(3)输送泵作业前应空运转，确定一切正常后方可进行作业。

(4)砂浆喷射机作业时，喷嘴前5米范围内不得站人。

(5)砂浆喷射机在工作停歇时，喷嘴不得朝向有人的方向。

3 路面工程施工安全要点

路面工程中出现的安全事故相对较少，一般主要是施工机械方面的安全事故，施工管理人员和作业人员应特别注意。

3.1 基层施工安全要点

(1)消解石灰时，不得在浸水的同时边投料、边翻拌，人员应远避，以免烫伤。

(2)沿路肩堆放的石灰消解时，应慢洒水或泼水，操作人员应站在上风处。

(3)装卸、撒铺及翻动粉状材料时，操作人员应站在上风侧，轻拌轻翻以减少粉尘，并应配戴口罩或其他防护用品。装卸石灰时尽量避免在大风天气下进行。

(4)碎石机作业安全要点

①对碎石机电源、线路、开关等均应进行检查，保证符合安全要求和使用要求。

②进料要均匀，不得过大，严防金属块等混入。

③不得从上方向碎石机口内窥视。

④若石料卡住进料口，应用铁钩翻动，严禁用手搬动。

⑤搬运块料和堆放要注意安全，人工铁锤破碎大块料时，要注意周围情况。

(5)运料车倒料时应有专人指挥。

3.2 沥青路面施工安全要点

3.2.1 安全防护要点

(1)从事沥青作业人员，皮肤外露部分均需涂抹防护药膏。

(2)沥青操作工的工作服及防护用品，应集中存放，严禁穿戴回家和存入集体宿舍。

3.2.2 沥青搬运装卸安全要点

(1)块状沥青搬运一般宜在夜间和阴天进行，避免高温时间搬运。同时，人工搬运时必须要穿戴相应的防护，如坎肩、帆布手套、工作服等。

(2)吊耳吊装桶装沥青规定：

①吊起的沥青桶不得从运输车辆的驾驶室上空越过，并应高于车箱板，以防碰撞；

②吊臂旋转半径范围内不得站人；

③沥青桶未稳妥落地前，严禁卸、取吊绳；

(3)人工装卸桶装沥青规定：

①运输车辆应停放在平坡地段，并拉上手闸；

②上桶装沥青的跳板应有足够的强度，坡度不应过陡；

③沥青桶漏油，应先堵漏，后搬运。

④放倒的沥青桶经跳板上(下)滚动装车时，要在露出跳板两侧的铁桶上各套一根绳索，收放绳索时要缓慢，并应两端同步上下。

(4)人工运送液态沥青，装油量不得超过容器的2/3。

3.2.3 沥青加热安全要点

(1)远红外加热沥青规定：

①使用前应检查机电设备和短路过载保护装置是否良好，电气设备有无接地，确认符合要求后方可合闸作业；

②用柴油清洗沥青泵及管道前必须关闭有关阀门，严防柴油流入油锅。

(2)导热油加热沥青规定：

①加热炉使用前必须进行耐压试验，水压力应不低于额定工作压力的两倍；

②对加热炉及设备应作全面检查，各种仪表应齐全完好。泵、阀门、循环系统和安全附件应符合技术和安全要求，超压、超温报警系统应灵敏可靠；

③必须经常检查循环系统有无渗漏、振动和异声，定期检查膨胀箱的液面是否超过规定，自控系统的灵敏性和可靠性是否符合要求，并定期清除炉管及除尘器内的积灰。

(3)明火熬制沥青规定：

①打开沥青桶上的大、小盖。当只有一个桶盖时，应在其相对方向另开一孔，以便通气出油。桶内如有积水则必须先予排除；

②操作人员应注意防止沥青突然喷出。如发现沥青从桶的砂眼中喷出，应在桶外的侧面，铲

以湿泥涂封，不得用手直接涂封；

③烤油中如发现沥青桶口堵塞时，操作人员应站在侧面用铁棍疏通；

④烤油时必须用微火，不得用大火猛烤；

⑤卧桶烤油时的油槽应搭设牢固，流向储油锅（池）的通道要畅通。

3.2.4 沥青洒布车作业安全要点

（1）检查机械、洒布装置及防护、防火设备是否齐全有效。

（2）采用固定式喷灯向沥青箱的火管加热时，应先打开沥青箱上的烟囱口，并在液态沥青淹没火管后，方可点燃喷灯。加热喷灯的火焰过大或扩散蔓延时，应立即关闭喷灯，待多余的燃油烧尽后再行使用。

（3）喷灯使用前除进行检查外，应先封闭吸油管及进料口。手提式喷灯点燃后不得接近易燃品。

（4）满载沥青的洒布车应中速行驶。遇有弯道、下坡时，应提前减速，尽量避免紧急制动。行驶时严禁使用加热系统。

（5）驾驶员与机上操作人员应密切配合，操作人员应配戴齐全防护用品，注意自身安全。作业时，在喷洒沥青方向10米以内不得有人停留。

（6）沥青洒布施工现场严禁使用明火。

3.2.5 碎石撒布机作业安全要点

（1）撒布碎石时，撒布机车速要稳定，不允许在撒布过程中换挡。

（2）撒布机在工作过程中，可以与自卸汽车刚性连接，边撒布，边倒料；也可以停止行走和撒布，待自卸汽车卸料完毕再进行撒布。应防止自卸汽车碰撞撒布机。

（3）禁止撒布机自行长途转移。

（4）撒布机在工作过程中要布置警戒人员，注意行人和车辆，以防发生碰撞和碎石飞溅伤人事故。

3.2.6 液态沥青运输车作业安全要点

（1）向储油罐注入沥青时，当浮标指针达到允许最大容量时，要及时停止注入，防止沥青外溢。

（2）储油罐装满沥青后，应把罐盖盖好，并拧紧紧固螺栓。

（3）当遇有弯道、斜坡时，要提前减速行驶，尽量避免紧急制动。油罐装载不满时，要始终保持中速行驶。

(4)中途遇短暂停车时，不得将车停放在横坡较大的路段。

3.2.7 沥青洒布机作业安全要点

(1)工作前应将洒布机车轮固定，检查高压胶管与喷油管连接是否牢固，油嘴和节门是否畅通，机件有无损坏，检查确认完好后，再将喷油管预热，安装喷头，经过在油箱内试喷后，才可正式喷洒。

(2)喷洒沥青时，手握喷油管部分应加缠旧麻袋或石棉绳等隔热材料。操作时，喷头严禁向上，

喷头附近不得站人。并应注意风向，不得逆风操作。

(3)压油时，速度要均匀，不得突然加快。喷油中断时，应将喷头放在洒布机油箱内，固定好喷管，不得滑动。

(4)移动洒布机时，油箱中的沥青不得过满。

(5)喷洒沥青时，如发现喷头堵塞或其他故障，应立即关闭阀门，等修理完好后，再行作业。

3.2.8 沥青混合料拌和站作业安全要点

(1)沥青混合料拌和站的各种机电（包括使用微电脑控制进料）设备，在运转前均需由机工、电工、电脑操作人员进行仔细检查。

(2)机组投入运转后，各部门、各岗位人员都要随时监视各部位运转情况，不得擅离岗位。

(3)运转中严禁非作业人员靠近各种运转机构。

(4)运转过程中，如发现有异常情况，应报机长，并及时排除故障。

(5)搅拌机运行中，不得使用工具伸入滚筒内掏挖或清理。需要清理时，必须停机。如需人员进入搅拌鼓内工作时，鼓外要有人监护。

(6)料斗升起时，严禁有人在斗下工作或通过。检查料斗时，应将保险链挂好。

3.2.9 沥青混合料摊铺作业安全要点

(1)摊铺机驾驶台及作业现场要视野开阔，清除一切有碍工作的障碍物。作业时无关人员不得在驾驶台上停留。驾驶员不得擅离岗位。

(2)运料车向摊铺机卸料时，应有专人指挥协调动作，同步进行，防止互撞。

(3)换挡必须在摊铺机完全停止后进行，严禁

强行挂挡和在坡道上换挡或空挡滑行。

(4)驾驶应尽量平稳，不得急剧转向。弯道作业时，熨平装置的端头与路缘石的间距不得小于10厘米，以免发生碰撞。

(5)用柴油清洗摊铺机时，不得接近明火。

(6)确保沥青混合料运输车辆状况良好，使用前应对刹车、自卸系统进行检查，车斗密封，后挡板牢靠。

3.3 水泥混凝土路面施工安全要点

3.3.1 水泥混凝土运输车作业安全要点

(1)液压泵、液压马达及阀应紧固，并与管道连接牢固，密封良好。各泵旋转应无卡阻和异常声响。

(2)严禁用手触摸旋转中的搅拌筒和随动轮。

(3)在运送过程中，要遵守交通规则。

(4)自卸汽车运送混凝土混合物，不得超载和超速行驶。车停稳后方准顶升车箱卸料。车箱尚未放下时，操作人员不得上车清除残料。

3.3.2 人工摊铺作业安全要点

(1)装卸钢模板时，必须逐片轻抬轻放，不得随意抛掷。

(2)固定模板时，插钉或长圆头钉等不得乱放乱搁，以免伤人，完工后，应收拾干净。

(3)使用振捣器时，操作人员要配戴安全防护用品。

(4)注意保护好电力线，不得割伤防护层，应经常注意检查。

(5)如采用木模板，拆模后的模板应堆放整齐，并做到及时取钉，砌放稳妥。

3.3.3 轨道式摊铺机作业安全要点

(1)作业中，各操作人员和辅助人员必须统一听从调度指挥，注意安全。

(2)布料机与振平机组间应保持5～8米的距离，以免相撞。

(3)不允许将刮板置于运动方向垂直的位置，不允许借助整机的惯性冲击料堆。

(4)作业时，严禁驾驶员离开驾驶台，无关人员不得在作业中上下摊铺机或在驾驶台上停留。

(5)在坡道、弯道作业时，要注意防止摊铺机脱轨。

3.3.4 滑模式摊铺机作业安全要点

(1)调整机器的高度时，工作踏板、扶梯等处禁止站人。

(2)严禁驾驶员在摊铺作业时离开驾驶台。无关人员不得上下或停留在驾驶台及工作踏板上。

(3)下坡时，禁止快速行驶和空挡滑行，牵引制动装置必须置于制动状态。

(4)摊铺机应避免急剧转向，防止工作装置与预置钢筋、邻边路面、路缘石等物体相碰撞。

(5)禁止用摊铺机牵引其他机械。

(6)夜间施工，滑模摊铺机上应有足够照明和警示标志。

(7)滑模摊铺机停放在通车道路上时，周围应设置明显的安全标志，夜间应用红灯示警。

3.3.5 旧路凿除作业安全要点

(1)用镐开挖旧路面时，应并排前进，左右间距应不少于2米，不得面对面使镐。所用工具应拼接牢靠，严防铁镐脱飞伤人。

(2)操作时，风动工具胶皮管不得缠绕打结，并不得用折弯风管的办法作为断气办法使用，也不得将风管置于胯下。

(3)风管通过过道，须挖沟将风管下埋。

(4)风管连接风包后要试送气，检查风管内有无杂物堵塞。送气时，要缓慢旋开阀门，不得猛开。

(5)操作前应对风镐应进行检查，合格后方可使用。

(6)风镐操作范围内不准站人。

4 桥涵工程施工安全要点

桥涵工程施工由于有较多高处作业和水上作业，还需要开动各种大型施工机具设备，因此很容易出现安全事故。掌握安全要点，提高安全警惕，是我们每一位作业人员必须做的。

4.1 一般安全要求

（1）桥涵工程施工中，应尽量避免双层或多层同时作业。当无法避免时，应设防护棚、防护网、防撞设施和醒目的警示标志信号等，切实做好安全防护措施。

（2）遇有六级（含六级）以上大风等恶劣天气时，不得进行高处露天作业、缆索吊装作业及大型构件起重吊装作业等。

（3）禁止施工人员酒后驾驶交通车辆及操作施工设备作业。

（4）沿海桥梁施工时，在台风来临时应停止一切施工作业。

4.2 基础工程施工安全要点

4.2.1 明挖基础施工安全要点

（1）开挖基坑时，要按规定的边坡坡度分层下挖，严禁局部深挖和掏洞开挖。

（2）基坑、井坑开挖过程中，必须随时检查坑壁边坡有无裂缝和坍塌现象（特别是雨后和解冻时期），如果发现边坡有裂缝、疏松或支撑有折断、走动等危险先兆，应立即采取措施。在雨季、地下水及流沙地区挖土时，必须视具体情况增加坡度或加固支撑。

（3）在有大量地下水流的情况下挖基时，应配足抽水机具，施工人员应穿胶鞋，并应设置出入基坑的安全通道，以防意外。

（4）机械开挖基坑时，坑内不得有人作业。必须留人在坑内操作时，挖掘机械应暂停作业。

（5）开挖基坑的人员不得在坑壁下休息。

(6)基坑开挖中，遇有流沙、涌水、涌沙及基坑边坡不稳定等现象发生时，应立即撤出基坑。只有切实采取加固措施，才能继续开挖。

(7)降水作业中，应随时观测对邻近建筑物的影响程度，当沉降或变形超出预警数据时，应停止作业，并采取相应措施。

4.2.2 筑岛、围堰安全作业要点

(1)采用挡土板或板桩围堰，应随时检查挡板、板桩等挡土设施的稳定牢固状况。

(2)施工中，遇有流沙、涌沙或支撑变形等危及作业人员安全的情况情况时，应立即停止挖掘，撤出基坑，在切实采取安全加固措施后，才能继续开挖。

(3)用吸泥船吹砂筑岛，作业人员应穿着救生衣，并备有救生船；作业区内严禁船舶和无关人员进入，不得在承载吸泥管道的浮筒上行走。

(4)基础施工中，进行挖土、吊运、浇筑混凝土等作业，严禁碰撞支撑。施工中交接班时，应将处理情况和注意事项交接清楚，并做好原始记录及签字工作。

(5)基坑抽水过程中，要有专人经常检查土层变化、支撑结构受力等情况，发现有变形时，应立即向现场负责人报告，并及时采取安全措施。

(6)基坑支撑拆除时，应在现场技术负责人的指导下进行。严禁站在正在拆除的支撑上操作。

(7)在围堰内作业，遇有洪水或流冰，作业人员应立即撤出围堰。

4.2.3 钢板桩及钢筋混凝土板桩围堰安全作业要点

(1)钢板桩起吊应听从信号指挥。作业前应在钢板桩上，拴好溜绳，防止起吊后急剧摆动。

(2)吊起的钢板桩未就位前，插桩桩位处不得站人。

(3)在桩顶作业时，作业人员必须系好安全带。

(4)钢板桩起吊前，组拼的钢板桩组件，应采用坚固的夹具夹牢，起吊时，要用绳索拴牢，挂钩应封钩 .

(5)严禁将吊具拴在钢板桩夹具上或捆在钢板桩上进行吊装。

(6)拔桩时，应从下游向上游依次进行。严禁硬拔。

4.2.4 套箱围堰安全作业要点

(1)定位船下锚时应注意锚链（绳）缠绕或刮带伤人。

(2)导向船及定位船在抛锚定位后，应经常检查锚绳、锚链及锚碇设施情况，防止来往船只及流水、漂流物等的碰撞以及洪水冲击等。两船之间的通道及连接梁上，应铺设人行道板和栏杆。严禁在一艘导向船上或船的一侧偏载重物。

(3)采用沉浮式双壁钢套箱，吸水下沉或排水上浮时，必须对称均衡地进行施工，防止产生过大的倾斜。

(4)钢套箱拆除时，施工人员必须系安全带，穿救生衣。拆下的铁件、螺栓等，应吊放在指定地点，不得从高处向下抛掷。

4.2.5 沉井施工安全作业要点

(1)沉井下沉的四周影响区域内，不宜有高压线杆、地下管道、固定式机具设备和永久性建筑。必须设置时，应采取必要的安全措施。

(2)沉井施工，应尽量避开汛期，特别是初沉阶段不得在汛期内。

(3)在刃脚处挖掘，应对称均匀掘进，并保持沉井均匀下沉。

(4)沉井下沉时，下井操作人员安全防护用品必须佩戴齐全。涌水、涌沙量大时，不得采用人工开挖下沉。

(5)沉井施工前，应检查机具设备是否完好，并搭好脚手架或作业平台，平台搭设牢靠且在四周设置栏杆。高处作业和险要的空隙处，均应设安全网。

(6)沉井顶面应设安全防护围栏。井内、井上搭设的抽水机台座、水力机械管道等施工设施，均应固定牢靠。井顶上的机具应设防护挡板，小型工具宜装箱存放，以防坠落伤人。

(7) 在沉井刃脚和井内横隔墙附近不得有人停留、休息，以防止坠物伤人。

(8)井内、井上的抽水机电路应使用防水胶线，安装漏电保护装置，工作灯要保证安全电压，以防止触电。

(9)浮运沉井的防水围壁露出水面高度，在任何时候均不得小于1米。不排水沉井下沉中，应均匀出土，不得超挖、超吸，并应加强观测，必要时进行沉井底的潜水检查，防止沉井突然下沉和大量翻砂而导致沉井歪斜，造成人员和机械损伤。

(10)用吊斗出土时，斗梁与吊钩应封绑牢固，并应经常检查斗梁、斗门等磨损情况，损伤部位应及时更换或加固。吊斗升降时，井顶指挥人员应通知井下人员暂时避开。

(11)采用抓斗进行不排水下沉时，如钢丝绳缠绕在一起而需要转动抓斗进行排除时，作业人员应站在有护栏的部位；采用机吊人挖时，土斗装满后，需待井下人员躲开，并发出信号后，方可起吊；采用水力机械时，井内作业面与水泵站应建立通讯联系；水力机械的水枪和吸泥机，应进行试运转，各连接处应严密不漏水。

(12)沉井施工中，严防船舶及漂流物等的撞击。

4.2.6 钻孔灌注桩施工安全作业要点

(1)钻机皮带转动部分不得外露；所使用的电气线路必须是橡胶防水电缆。

(2)各类钻机在作业中，应由本机或机管负责人指定的操作人员操作，其他人不得登机。操作人员在当班中，不得擅自离岗。

(3)采用冲击钻孔时，卷扬机钢丝绳断丝量超过5%时，必须立即更换。

(4)卷扬机在收放钢丝绳操作时，严禁作业人员在其上面跨越；卷扬机卷筒上的钢丝绳，不得全部放完，最少保留3圈。严禁手拉钢丝绳卷绕。

(5)使用正、反循环及潜水钻机钻孔时，对电缆线要严格检查；当滑移钻台时，应防止挤压电缆线。作业中，发现电缆破损要立即处理；使用潜水钻机钻孔，一般在完成一根钻孔桩时，要检查一次电机的封闭情况。

(6)钻孔中，发生故障需排除时，严禁作业人员下孔内处理故障。

(7)对于已埋设护筒未开钻或已成桩护筒尚未拔除的，应加设护筒顶盖或铺设安全网遮罩。

(8)应在泥浆池边设有明显的警示标志和防护围栏。桩基坑施工完成后，应回填泥浆池。

(9)钻机塔顶和吊钢筋笼的吊机桅杆顶上方2米内不准有任何架空障碍物。

(10)雷雨时作业人员不得在钻机下停留，防止碰撞、电击等意外事故发生。

4.2.7 沉入桩施工安全作业要点

(1)打桩机移位时，禁止将桩锤悬起，必须将锤头稳放在销子上后，方准移位。严禁随移随起锤，机架应移到桩位上稳固后方准起锤。

(2)采用滚筒滑移打桩架时，应有专人指挥，作业人员不得在打桩架内操作。

(3)打桩机拆装时，桩架长度半径(并加一定安全系数)内不准有拆装作业以外的人员进入。在起落机架时，要有专人指挥，并禁止任何人在机架底下穿行或停留。

(4)在高压线下两侧安装打桩机械，应根据电压规定，保证打桩机与高压线大于安全距离。打桩机顶部上方2米内不准有任何架空障碍物。

(5)在水上采用浮式沉桩机锤击沉桩施工时，应防止浮船晃动或偏载。

(6)在起吊沉桩或桩锤时，严禁作业人员直接在吊钩下或在桩架龙门口停留或作业。

(7)严禁在桩锤悬挂状态下进行维修。

(8)遇有大风及恶劣天气，应停止打桩作业。雷雨时，作业人员不得在桩架附近停留。在水上用浮式沉桩机锤击或振动沉桩时，当波峰高于0.25米，或流速超过1.5米／秒时，不宜从事沉桩作业。

(9)吊桩操作人员，应听从统一的指挥信号。

(10)作业间隙，应将桩锤固定在桩架龙门的方木上，作业人员不得在其下边走动或停留。

(11)采用浮式打桩船或浮式平台沉桩时，当有船只通过时，应暂停沉桩作业。

(12)高压射水辅助沉桩，应根据不同水质情况，采用相应的压力沉桩，防止因急剧下沉造成桩架歪斜或倾倒等事故。采用振动锤或蒸汽锤打桩机，应放松牵引钢丝绳，使锤具紧压桩头，随射水徐徐下沉。高压水泵的开启和压力表的控制均应设专人负责看管。高处作业人员的安全带严禁系在被沉的桩上或龙门口上。

(13)振动打桩机开动后，作业人员必须站离基桩，信号员与驾驶员所在位置应能通视，并能看到基桩下沉情况。所有开停振必须听从指挥。

(14)振动下沉过程中，严禁进行机械维修和保养。振动打桩机在停止作业后，应立即切断电源。振动打桩机作业时，禁止任何人进入机器底部操作；振动打桩机加压时，如前轮离地应减压，以免钢丝绳、加压轮或立人轴断裂。振动打桩机沉箱上的电缆接头应勤检查，做好绝缘防护。通过交通路口的电缆线要深埋土中。拆装套管或到沉箱上作业时，应切断沉箱电源后，方可进行工作。

4.2.8 人工挖孔桩基础施工安全作业要点

(1)挖孔较深或有渗水时，必须采取孔壁支护及排水、降水等措施，严防坍孔。

(2)人工挖孔，对孔壁的稳定及吊具设备等，应经常检查。孔顶出土机具应有专人管理，并设置高出地面的围挡。孔口不得堆积土渣及工具。作业人员的出入，应设常备的梯子。夜间作业应悬挂示警红灯。挖孔作业暂停时，孔口应设置罩盖及标志。

(3)所用电器设备，必须装设漏电保护装置，孔内照明应使用36V电压的灯具。起吊设备必须有限位器、防脱钩器等装置。

(4)孔内挖土人员的头顶部应设置护盖。取土吊斗升降时，挖土人员应在护盖下面避让。相邻两孔中，一孔进行爆破或浇注混凝土作业时，另一孔的挖孔人员应停止作业，撤出井孔。

(5)人工挖孔，除应经常检查孔内的气体情况外(简易方法，可将明火吊到孔内检查氧气是否充足)，还要遵守下列规定：

①挖孔人员下孔作业前，应先用鼓风机将孔内空气排出更换。

②二氧化碳气体含量超过0.3%时，应采取通

风措施。若其含量虽不超过规定，但作业员有呼吸不适感觉时，亦应采取通风或换班作业等措施。

③空气污染超过三级标准浓度值时，如没有安全可靠的措施不得采取人工挖孔作业。

(6)人工挖孔深度超过10米时，应采用机械通风。人工挖孔最深不宜大于15米。

(7)人工挖孔桩采用混凝土护壁时，每挖深1米（土质不好还应适当减少），应立即浇注护壁，护壁厚度不小于10厘米。

(8)岩石孔爆破，不得用有害气体炸药，不得用火雷管起爆。

(9)凡孔内有人作业时，孔边3米以内不得有机动车辆行驶或停放；孔内人员作业时，孔上必须有监护人员，并要随时与孔下人员保持联系，不得擅自撤离岗位。孔上监护工作人员应随时注意孔壁变化及孔底施工情况，发现异常时，应立即协助孔内人员撤离，并向有关人员汇报。

4.2.9 管柱施工

(1)管柱振动下沉作业，应对邻近的建（构）筑物、临时设施及相邻管柱的安全和稳定进行检查，必要时采取安全防护措施。

(2)管柱接长时，作业人员的手指和头部不得伸入法兰盘之间。在管柱内电焊，应搭设脚手架，并备有通风设施。

(3)浮运管柱应按船的重心对称置放，应在白天良好天气时浮运，浮运速度不宜超过3公里／小时。

(4)管柱施工作业平台，除设护栏外，双层或高处作业处，以及两船拼装之间、跳板下面，均应悬挂安全网；管柱内钻凿岩层时，钻孔平台的脚手板必须铺满，四周设置护栏和上下梯，并备有救生和消防设施。

(5)管柱内水位，应保持高出管柱外水面，在管柱内清孔时，必须高出管柱外水面1.5～2米。有潮汐影响时，应采取稳定管柱内水头的措施。

4.3 墩台工程施工安全要点

4.3.1 就地浇筑的墩台施工安全作业要点

(1)就地浇筑墩台混凝土，施工前必须搭设好脚手架和作业平台，墩身高度在2～10米时，平台外侧应设栏杆及上下扶梯；墩身高度在10米以上时，还应加设安全网。墩台顶必须搭设安全护栏，施工人员应系好安全带。

(2)模板就位后，应立即用撑木等固定其位置，以防模板倾倒砸人。用吊机吊模板合缝，模板底端应用撬棍等工具拔移，不得徒手操作。

(3)在架立高桥墩的墩身模板过程中，安装模板的作业人员必须系好安全带，并系于牢固地点。穿模板拉杆应做到内外呼应。

(4)用吊斗浇筑混凝土，吊斗提降，应有专人指挥。升降斗时，下部的作业人员必须躲开，上部人员不得身倚栏杆推吊斗。严禁吊斗碰撞模板及脚手架。

(5)拆除模板时，在禁行区内严禁行人通过。

(6)拆除水面上模板，应配有工作船、救护船。

4.3.2 砌筑墩台施工安全作业要点

(1)砌筑墩台前，应搭设好脚手架、作业平台、护栏、扶梯等安全防护设施。

(2)人工、手推车推（抬）运石块或预制块件时，脚手跳板应铺满。脚手架和作业平台上堆放的物品不得超重。

(3)砌筑材料吊运到砌筑面时，作业人员应避让，待停稳后方可上前砌筑。在任何情况下，不得将手伸入砌体缝隙之间。

(4)各种吊机作业，吊运重物的下边均不得站人。

4.3.3 滑模施工安全作业要点

(1)采用滑模施工的，滑模及提升结构应严格按照施工设计安装。

(2)当塔墩等高层建筑采用爬模施工方法的，模板爬升时，作业人员不得站在爬升的模板或爬架上。

(3)液压系统组装完毕后，必须进行全面检查。施工过程中，液压设备应由专人操作，并经常维护，发现问题及时处理。

(4)模板提升到2米高以后，应安装好内外吊架、脚手架，铺好脚手板，挂设安全网。

(5)模板每次提升前，应进行检查，排除故障，观察偏斜数值。提升时，千斤顶应同步作业。

(6)顶杆和平台应稳固，如顶杆有失稳或混凝土有被顶出的可能时，应及时加固。

(7)用手动或电动千斤顶做提升工具，千斤顶丝扣的旋转方向，应以左右方向对称安装，使其力矩相互抵消，防止平台被扭动而失稳。

(8)操作平台的水平度、倾斜度应经常检查，发现问题应及时采取措施。

(9)平台上应规定人群荷载和堆放材料的限量标准。材料要均匀摆放，不得多人聚集在一处。

(10)拆除滑模设备时，拆除现场应划定警戒区，警戒线到建筑物边缘的安全距离不得小于10米。

4.4 上部构造工程施工安全要点

4.4.1 预制构件安装作业安全要点

(1)预制安装构件施工不宜在夜间进行，禁止

作业人员疲劳上岗。简支梁安装起吊中，墩顶工作人员要暂时离开，禁止工作人员站在墩台帽顶指挥或平行作业。

(2)装配式构件（梁、板）的安装，要严格执行下列规定：

①吊装前，应检查安全技术措施及安全防护设施等准备工作是否齐备，检查机具设备、构件的重量、长度及吊点位置等是否符合设计要求，严禁无准备盲目施工。

②施工所需的脚手架、作业平台、防护栏杆、上下梯道、安全网必须齐备。深水施工，应备救护用船。

③旧钢丝绳，在使用前，应检查其破损程度。每一节距内折断的钢丝，不得超过5%。对大型构件、重构件的吊装宜使用新的钢丝绳，使用前也要检验。

④重大的吊装作业，应先进行试吊，按设计吊重分阶段进行观测，确定无误后，方可进行正式吊装作业。

⑤遇有大风及雷雨等恶劣天气时，不得进行构件吊装作业。

(3)根据吊装构件的大小、质量，选择适宜的吊装方法和机具，不准超负荷吊装。

(4)吊钩的中心线，必须通过吊体的重心，严禁倾斜吊运构件。

(5)单导梁、墩顶龙门架安装构件时，应按照下列规定执行：

①导梁上的轨道必须平行等距铺设，使用不同规格的钢轨时，其接头处应妥善处理，不得有错台。

②墩顶龙门架使用托架托运时，托架两端应保持平衡稳定，行进速度应缓慢。龙门架落位后应立即与墩顶预埋件联结，并系好缆风绳。

③构件在预制场地起重装车后，牵引至导梁时，行进速度不得大于5米／分钟，到达安装位置后，平车行走轮应用木楔楔紧。

④构件起吊横移就位后，应加设支撑、垫木，以保持构件稳定。

⑤龙门架顶横移轨道的两端应设置制动枕木。

(6)顶升T梁、箱梁等大吨位构件时，必须在梁两端加设支撑。构件两端不得同时顶起或下落；一端顶升时，另一端应支稳。

(7)预制场和墩顶装载构件的滑移设备要有足够的强度和稳定性，牵引（或顶推）构件滑移时，施力要均匀。

(8)各种大型吊装作业，在连续紧张作业一阶段后（如一孔梁板或一较大工序）应适当进行人员休整，避免长时期处于紧张状态。同时，应检查、保养、维修吊装设备。

4.4.2 悬臂浇筑法施工安全要点

(1)采用桁架挂篮施工时，应遵守下列规定：

①挂篮组拼后，要进行全面检查，并做静载试验；挂篮两侧前移要对称平衡进行，大风、雷雨天气不得移动挂篮；挂篮移动到位以后，要检查前后锚点、吊带、零号块临时锚固是否到位；挂篮移动中应设观察哨进行监护，并设限位装置。

②进行零号块施工，并以斜托架做施工平台时，平台边缘应设安全防护设施。墩身两侧托架平台之间搭设的人行道板必须连接牢固。

③使用的机具设备（如千斤顶、滑车、手拉葫芦、钢丝绳等），应进行检查，不符合规定的严禁使用。

④遇有大风及恶劣天气时，应停止挂篮行走作业。

(2)挂篮使用时，应经常检查后锚固筋、千斤顶、手拉葫芦、张拉平台及保险绳等是否完好可靠。

(3)挂篮在安装、行走及使用中，应严格控制荷载，防止过大的冲击、振动。

(4)挂篮拼装及悬臂组装中，危险性较大，在高处及深水处作业时，应设置安全网，满铺脚手板，设置临时护栏。操作人员必须按规定佩戴安全防护用品，配备救生设施。

(5)自平桁式挂篮配重，宜用混凝土预制或钢件，不宜用水箱压重，以防水箱损坏泄漏，导致挂篮失衡倾覆。

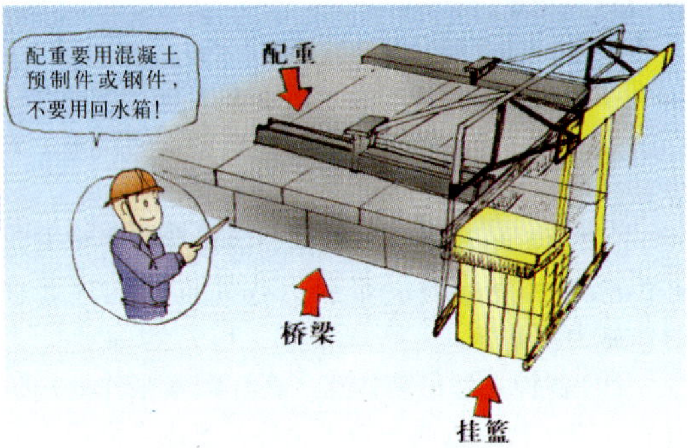

(6)在底模荡移前，必须详细检查挂篮位置、后端压重及后吊杆安装情况是否符合要求。应先将上横梁两个吊带与底模下横梁连接好，确认安全后，方可荡移。

(7)挂篮行走时，要缓慢进行，速度应控制在0.1米／分钟以内。挂篮后部，各设一组溜绳，以保安全。滑道要铺设平整、顺直，不得偏移，并随时注意观察，发现问题及时处理。

(8)浇筑混凝土时，确认挂篮桁架后端，已锚固在已完成的梁段上，并配重使之与浇筑的混凝土重力保持平衡状态。挂篮桁架行走和浇筑混凝土时，其稳定系数不得小于1.5。

(9)浇筑合龙段混凝土时，随浇筑进程，加载逐步撤出时，应自上而下进行。撤出压重时，应注意防止砸伤。

(10)箱梁混凝土接触面的凿毛工作，要有安全防护设施，所用手锤柄应牢固。作业人员之间，应保持安全距离。

(11)滑移斜拉式挂篮施工，应遵守下列规定：

①采用滑动斜拉式挂篮，所用的活动铰、销、斜拉钢带等，均采用高强钢材制作，材质要经检验，并打上标记，必须满足设计的要求。

②挂篮安装时或主梁行走到位后，应先安装好后锚固和水平限位装置，方可安装斜拉带悬挂底模平台。严防挂篮倾覆、坍落。

③底模和侧模沿滑梁行走前，需将斜拉带和后吊带拆除，用倒链起降和悬吊底模平台，同时，必须在倒链的位置加保险绳。

④采用四根斜拉带的挂篮，在斜拉带安装和使用过程中，要注意检查，保证受力均衡。

⑤挂篮行走前，应认真检查后锚固及各部受力情况，检查有无隐患及不安全因素。行走时，应密切注意挂篮有无异状，并应慢速稳步到位，以防坍落事故。

4.4.3 悬臂拼装法施工安全要点

(1)现场拼装机具设备后，必须检查验收，如有隐患及不符合安全规定时，不得使用。

(2)构件起吊前，应对起吊机具设备及构件进行全面检查，并进行起吊试验。如发现吊环部位有损伤、结合面有突出外露物、构件上有浮置物件等情况时，不得起吊。

(3)构件应垂直起吊，并保持平衡稳定。在接近安装部位时，不得碰撞已安完的构件和其他作业设施。

(4)运送构件的车辆（或船只），待构件起升后应迅速撤出。

(5)遇有下列情况时，必须停止吊装作业：

①指挥信号系统失灵。

②天气突然变化，影响作业安全。

③卷扬机、电机过热，起重吊机或托梁部件变形或其他机械设备、构件等发现有异常情况。

(6)拆除硫磺砂浆临时支座，要身系安全带，防止从高处坠落，同时应遵守下列规定：

①采用电热法融化硫磺砂浆垫块时，电热丝不得与其他金属物接触。

②作业时人员应站在上风处操作，并应佩戴安全防护用品。

③人工凿除时，人员站位要拉开距离。

4.4.4 缆索吊装法施工安全要点

(1)安装时，应服从统一的指挥信号。

(2)登高操作人员应携带工具袋。

(3)安全带不得挂在主索、扣索、缆风绳等上面。

(4)牵引卷扬机启动要缓慢，行进速度要平稳。

(5)缆索吊装大型构件时，应事先检查塔架、地锚、扣架、滑车、钢丝绳等机具设备。正式吊装前必须进行吊载试运行。

(6)缆索跨越公路、铁路时，应搭设架空防护支架。在靠近街道和村镇的地方应设立警示标志。

(7)暴雨、大雾、六级风以上等恶劣气候和夜间不得进行缆索吊装作业。

4.4.5 顶推施工安全作业要点

(1)顶推施工所用的机具设备、材料在使用前，应全面检查、验收和试验。

(2)使用油压千斤顶，应附有球形支承垫、保险圈及升程限孔。共同作用的多台千斤机，应选用同一类型。

(3)顶推施工中，应随时进行必要的监测，以控制施工安全。

(4)采用多点顶推或单点顶推，其动力均应有统一的控制手段。

(5)上下桥墩和梁上作业时，应设置扶梯、围栏、悬挂安全网等安全防护设施。使用的工具、材料等，均应吊运传递，不得向下抛掷。

(6)顶推施工中，应有统一的指挥信号。必要时，应备有便利的现场通信设备。

(7)落梁完毕，拆除千斤顶及其他设备时，应先用绳拴好，并用吊机吊出。在吊运时，应防止吊装物撞击梁体。

(8)在各顶推点，要有专人进行测量，随时将墩顶的位移情况，报告给指挥人员。

(9)施工前应采取必要的加固措施，以保证顶入作业中通车线路的安全。当火车、汽车通过时，应暂停挖土或顶入，必要时作业人员应暂时离开作业面。

(10)顶入机械发生故障时，应停机检修，严禁带病作业。

4.4.6 预应力张拉施工安全要点

(1)千斤顶、油表在张拉前，须配套检验。

(2)张拉作业区，应设警告标志。无关人员，严禁入内。

(3)锚环和夹片使用前，应认真仔细检查及试验，经检验合格后，方可使用。

(4)高压油泵与千斤顶之间的连接点各接口必须完好无损，螺母应拧紧。油泵操作人员要戴防护眼镜。

(5)在张拉作业过程中，应对高压油管进行保护，防止砸破油管，高压油喷出伤人。

(6)张拉前，操作人员要确定联络信号。张拉两端应设便捷的通信设备。

(7)在已拼装或现浇的箱梁上进行张拉作业，

应事先搭好张拉作业平台，并保证张拉作业平台、拉伸机支架要搭设牢固，平台四周应加设护栏。施工的吊篮，应安挂牢固，必要时可另备安全保险设施。张拉时，千斤顶的对面及后面严禁站人，作业人员应站在千斤顶的两侧。

(8)张拉操作中，若出现异常现象（如油表振动剧烈，发生漏油，电机声音异常，发生断丝、滑丝等），应立即停机进行检查。

(9)先张法张拉台座结构，应满足设计要求。张拉前，对台座、横梁及各种张拉设备、仪器等进行详细检查，合格后方可施工。

(10)先张法张拉中和未浇筑混凝土之前，周围不得站人和进行其他作业。

(11)预应力钢筋冷拉时，在千斤顶的端部及非张拉端部均不得站人，以防钢筋断裂、螺母滑脱、张拉设备出现事故而伤人。

(12)钢筋张拉或冷拉时，螺丝端杆、套筒螺丝必须有足够的长度，夹具应有足够的夹紧能力，防止锚夹不牢，滑出伤人。

(13)管道压浆时，操作人员戴防护眼镜和其他防护用品。关闭阀门时，作业人员应站在侧面，以确保安全。

4.4.7 拱桥施工安全要点

(1)拱架制作与安装，应按设计要求，具有足够的强度、刚度和稳定性。拱架须经验算，必须经试验或预压，并满足防洪、流水、排水、航运等安全要求。

(2)圬工（石、砖及混凝土预制块）拱桥施工前，拱架支立安装方法、拆落拱架程序、机械设备等，均应经检查符合安全技术规定后方可施工。人工抬运上坡，应平行前进，落肩同步。抬运石料时，应用绳索捆扎结实，不宜装得过满。

(3)拱石或预制块砌筑时，底下严禁站人，操作人员的手指不得伸入砌筑面，拱石或预制块就位时，应用撬棍或绳索工具等扶稳，缓慢堆放。

(4)砌筑拱圈，应按施工要求搭设脚手架及作业平台，严禁用拱架代替脚手架。主拱、拱上建筑施工，必须严格按设计加载程序分段、对称、同时进行。

(5)拱圈砌筑，严禁拱下站人，并应随时注意观测拱架变形状况。卸架装置应有专人检查。

(6)拱圈卸架，应统一指挥，须对称、同步、分

级进行。并跟踪观测拱圈变形有无异常。拆除拱架时，应听从统一指挥，严禁在拱架上、下同时进行双重作业。

(7)预制装配式拱桥，除按吊装机具的有关安全要求加以控制外，还应做到：

①大中跨径拱桥施工，应验算拱圈的纵、横向稳定性，保证有一定的横向稳定系数。分段吊装单肋合龙后应用缆风绳稳固，并须采取悬扣边肋和次边肋、用横夹木临时横向联结等措施。

②双曲拱、箱形拱桥施工时，在墩、台顶设置的扣架，底部固定应牢靠，架顶应设缆风，缆风设置必须对称，与构件轴线应符合设计要求，风缆地锚环应埋设坚固，并应设置备用环。

③拱肋分段拼装时，基肋应设置固定缆风，拱肋接头处，应加横向联结，以保证其横向稳定。

④多孔装配式拱桥上部安装时，除要遵守一般安全规定外，还必须按加载程序，由桥台或制动墩起，逐孔吊装。相邻两孔安装进度，不应相差过大，以减少对相邻桥墩产生的单向推力。

⑤装配式桁架拱或刚架拱桥施工时，除要遵守一般安全规定外，还必须在已安装的桁架或刚架拱片上，安装横向联系构件，以增强横向稳定性。

⑥在河流中设置缆风绳时，必须采取可靠的防护措施。

4.4.8 跨线桥及通道桥涵施工安全要点

(1)公路桥跨越铁路或其他线路时，施工前，应编制专门的安全施工组织设计，并与铁路或其他有关部门协商有关事宜，并签订必要的安全协议。内容包括：利用列车间隔时间进行安装的计划、安全防护以及在发生紧急情况时的应急处理措施等。

(2)公路桥跨越铁路或其他线路时，施工期间，特别是梁体吊装阶段，应在施工现场及两端足够远处适宜地点设置人员和通信设备，与两端火车站进行联系，以便在发生紧急情况时，立即通知停车。要避免在列车通过的情况下，进行吊梁安装作业。

(3)跨越铁路或公路的立交桥施工时，上面作业，下面通行车辆或行人，应设置遮盖设施，并设岗哨监视管理。当下方为电气化铁路时，设置的遮盖设备应具有高压绝缘作用，以保证施工安全。

(4)对结构复杂、施工期较长的大型立交桥施工时，应配备通信设施，确保在紧急情况下，能够妥善处理发生的事故。

4.4.9 斜拉桥、悬索桥施工安全要点

(1)施工期间，应密切注意天气变化，遇大风、雷雨时，应立即停止作业。

(2)随着索塔升高(到20米以上)，防雷电设施必须相应跟上，避雷系统未完善前，不得开工。

(3)缆索安装应做到：

①缆索放索牵引时，应有防护措施，防止油污染和电焊烧伤，不得撞伤锚头。

②悬索桥的主索及斜拉桥的斜缆索，应进行破断试验，其破断力应满足设计要求。

③采用成品斜拉索时，在放索时，应有制动设

施，并防止卷盘的缆索自由散开时造成伤害。

(4)索塔超过50米时，缆索套管内的防护水泥浆应分段向上压注，防止压力过大，套管破裂伤人。

(5)悬索桥安装加劲桁构(梁)时，应做到：

①加劲桁构（梁）的吊装，宜从跨中向两岸进行。索夹与吊杆应配合加劲桁构（梁），同时安装。

②施工中，应对索鞍偏移量进行观测和控制，防止超过设计允许偏斜量而影响塔架的安全。

(6)斜拉桥、悬索桥在施工中应配备水上救护船。

4.4.10 钢桥施工安全要点

(1)钢梁杆件组装，应在平整的作业台上进行，其基础应有足够的承载力。

(2)钢梁拼装前，应按设计图检验杆件和零部件是否达到设计标准。杆件宜事先组拼、组合后，宜用吊机吊装，以减少钢箱梁安装过程中的高处作业量。

(3)浮运吊装时，应按水上运输和起重吊装作业安全要点进行。浮运宜从下游逆水进入桥孔。

(4)钢梁上的各种电动机械和电缆线、照明线路等，必须保持绝缘良好，应有专人值班管理。

(5)拼装杆件前，应安好梯子、溜绳、脚手架。斜杆应安栓保险吊具。杆件起吊时，先提升0.3米左右，确认安全后再继续起吊。

(6)装拆脚手架、上紧螺栓、铆合等作业，应上下交替进行，避免双层作业。杆件拼装对孔时，应用冲钉探孔，严禁用手伸入检查。

(7)架梁用的扳手、小工具、冲钉及螺栓等物应使用工具袋装好，严禁抛掷。

(8)在通航的江河上施工，应与当地的港航管理部门联系，取得水上施工许可证，并按照水上作业的有关安全控制要点进行作业。

(9)钢梁表面涂漆作业，应有防毒保护措施。

4.5 混凝土构件预制安全要点

4.5.1 主要机械安全作业要点

(1)搅拌站的电器设备和线路应绝缘良好。搅拌站内，所有机械设备的转动部分，必须设有防护装置。高大的搅拌站应设置避雷装置。

(2)搅拌站的机械设备安装完毕，要重点检查设备安装稳定牢固情况，电机连接与绝缘情况，制动器、离合器、升降器是否灵活可靠，轨道滑轮是否良好，钢丝绳有无断裂或损坏等。确认良好后，进行空载运转，经试运转，全部机械达到正常后，方可作业。

(3)发电机应设接地保护，接地电阻不得大于4欧姆。发电机连接配电盘，及通向所有配电设备的导线，必须绝缘良好，接线牢固。

(4)施工用的发电机电源应与外电线路电源联锁，严禁并列运行。

(5)发电机附近及发电机房内不得放置易燃、易爆物品。

(6)严禁皮带运输机运转中进行修理和调整。作业人员不得从皮带运输机下面穿过或跨越输送带。

(7)输送大块物料时，输送带两侧应加设挡板或栅栏等防护装置。停机后要切断电源。

4.5.2 混凝土拌和安全要点

(1)机械上料时，在铲斗（或拉铲）移动范围内不得站人。铲斗下方严禁有人停留和通过。

(2)在清理斗坑或平台时，应用销子将料斗固定住，严防其滑落伤人。

(3)搅拌机运转中，严禁用工具伸入料仓内拨弄，需要在料仓内检修时，应停机检修。

(4)修理或进入料仓内清理叶片时，必须先切断电源，电源边设专人看护或开关箱上锁，并挂牌注明“仓内有人操作，切勿合闸”。

(5)采用电子计算机操作的控制室，不得打开门窗进行通风。

(6)与工作无关的人员不得进入拌和设备的工作场地，更不得进入操作室。

(7)严防将大块石料或其他异物装入集料仓。

(8)有紧急停车装置的拌和设备，在设备和人员发生险情时，应立即启用紧急停车装置。

(9)在运行中，应经常检查电气设备、电气元件和线路各部是否正常，发现异响、异味时，应立即停机检查处理。

4.5.3 混凝土输送泵车作业安全要点

(1)泵送过程中，操作者必须能观察到整个区域，布料杆不能碰到障碍物，尤其要远离高压线路。任何人不得接近布料杆下的危险区域；布料杆不能作起重机使用；严禁扳动液压支腿控制阀，更不得移动泵车。

(2)随时注意各仪表、指示灯工作状况，读数应在正常范围，指示灯指示正确。液压管路连接牢固，无外泄漏。

(3)泵和布料臂架发出不正常杂音时，应及时检查、判断并处理。

(4)在五级以上大风时，不得使用布料杆作业。

(5)不得随意向料斗加水，严禁泵送搅拌后停放90分钟以上的混凝土。

(6)布料臂架变幅和旋转，需专人指挥，动作应平稳，严禁猛起猛落。

(7)如果出现泵车倾斜、液压支腿变形、木垫破裂、地面沉陷等现象，应立即收臂，检查原因并排除。

4.5.4 泵送混凝土作业安全要点：

(1)混凝土泵应设置在作业棚内，安装应稳定、牢固。泵车安设未稳前，不得移动布料杆。作业前，应检查输送泵、电气设备是否正常、灵敏、可靠。

(2)泵送前，应检查管路、管节及密封圈的完好程度，不得使用有破损、裂缝、变形和密封不合格的管件。

(3)混凝土泵在运转时发现故障，应立即停机，断电检查，不得带病作业。

(4)拆卸管路接头前，应把管内剩余压力排除干净，防止管内存有压力而引起事故。

(5)作业机结束，采用空气清洗管道时，操作人员不得靠近管道端部。

4.5.5 灰浆搅拌机作业安全要点

(1)必须待搅拌机达到正常转数后，方可加料。

(2)严防块状硬物和金属丝、网、绳索等物进入搅拌筒损坏叶片。

(3)搅拌机转动时，不准用手或木棒等物伸进搅拌筒内清理筒口的灰浆、材料。

(4)出灰浆时，必须使用摇手柄，不准用手扳转拌和筒。

(5)机械开动时，禁止进行任何修理作业。

(6)作业中如遇故障或停电时，应立即断开电源并将灰浆倒出。

(7)观察各部件工作是否正常，若有异常，应立即停机检修。

4.5.6 砂浆输送作业安全要点

(1)随时注意压力表指示，如超过规定压力时，应立即查明原因，排除故障。

(2)应注意检查球阀、阀座和挤压管的磨损，如发现漏浆应停机检查修复或更换后，方可继续作业。

(3)因故障停机时，应打开泄浆阀使压力下降，然后排除故障。灰浆泵压力未降到零时，不得拆卸空气室、压力安全阀和管道。

(4)在机器运转中，禁止进行任何调整与保养工作。

4.5.7 振捣器作业安全要点

(1)振捣器不得放在硬地或其他硬物上振动，施工中应避免冲击模板、钢筋。

(2)振捣棒施振时应轻提轻放，并做上下抽动。

如钢筋网过密，不可强行插入，应加装附件后再行振捣。

（3）同时使用数台附着式振捣器时，其频率应一致。需对面振动时，应错开安置。

（4）电缆线应采用橡胶电缆，并安装相适应的漏电保护开关。当电缆线通过现场施工道路时，应采取保护措施。

4.6 预制构件运输安全要点

4.6.1 轨道平车运输中的安全要点

（1）铺设钢轨时，应选用合格的钢轨和枕木。铺设要达到规定的标准。钢轨要平直、圆顺，轨距要在允许误差值之内。轨道半径不得小于25米。轨道路基要有足够的宽度、平整度、强度，避免沉陷、滑坡等现象。

（2）采用轨道平车运输大型构件时，应对运梁用的轨道平车的转向托盘或转盘、制动器等，按设计要求进行检查，确认合格后，方可使用。

（3）轨道与其他道路交叉时，应按规定铺设交叉道口。

（4）拖运大型预制构件时，应设专人指挥，并经常检查构件在平车上的稳定状况，以及轨道平车在运转中有无变形。

（5）构件运输时，速度要缓慢，时速不宜超过3公里。下坡时，要以溜绳控制速度，并用人工拖拉止轮木块跟随前进。纵坡坡度不宜超过2%。并应备有制动器，当纵坡坡度较大时，必须有相应的安全措施，方可运输。

（6）轨道路基，应设专人经常检查以下内容：

①轨距有无超出误差规定；

②道钉、鱼尾板有否松动；

③枕木有无压坏；

④路基有无沉陷变形、滑坡现象。

4.6.2 平板拖车运输安全要点

（1）大型预制构件平板拖车运输，时速应控制在5公里以内。简支梁的运输，除横向加斜撑防倾覆外，平板车上的搁置点必须设有转盘。

（2）运输超高、超宽、超长构件时，必须向有关部门申报，经批准后，在指定路线上行驶。牵引车上应悬挂安全标志。超高的部件应有专人照看，并配备适当器具，保证在有障碍物情况下安全通过。

（3）平板拖车运输构件时，除一名驾驶员主驾外，还应指派一名助手，协助　望，及时反映安全情况和处理安全事宜。平板拖车上不得坐人。

（4）重车下坡应缓慢行驶，并应避免紧急刹车。驶至转弯或险要地段时，应降低车速，同时注意两侧行人和障碍物。

(5)在雨、雪、雾天通过陡坡时，必须提前采取有效措施。

(6)装卸车应选择平坦、坚实的路面为装卸点。装卸车时，机车、平板车均应刹闸。

(7)重车停过夜时，应用木块将平车的底盘均衡垫实。

5 隧道工程施工安全要点

隧道工程施工在地下或山岭中作业，地形环境复杂多变，极容易出现安全事故。随时检测，加强监控，做好防范措施，可以有效减少或避免大的安全事故。

5.1 说明

(1)隧道施工受地下空间的限制，会经常受地质、水文隐患的威胁。同时，由于人们一年四季、白天黑夜都在狭小的洞室中承受着噪声、有害气体、高温的影响，从事着单调、艰苦、危险的重复劳作，身心健康长期受到压抑，自我防卫能力很容易降低，再加上风、水、电、机械和运输车辆与人争空间。因此，可以说自然的、人为的不安全因素从四面八方包围着作业者。所以，如何保证安全生产是隧道建设必须共同关心的大事。

(2)隧道施工安全，必须在企业的安全技术、工业卫生、附属辅助设施，宣传教育四个方面的综合劳动安全技术水平全面提高的基础上才能得到保证。故必须加强领导，发动群众，依靠科技进步，加强投入，提高全员安全，质量意识和技能，才能确保安全生产。

(3)本章内容仅含一般山岭隧道的矿山法、喷锚支护法施工有关作业安全要点。有关TBM、盾构、水底隧道和城市地铁施工等，请按国家和行业现行规定执行。

5.2 洞口工程安全要点

(1)施工场地应作出详细的部署和安置，出渣、进料及材料堆放场地应妥善布置，弃碴场地应设置在不堵塞河流、不污染环境、不毁坏农田的地段。对风、水、电、路等设施作出统一安排，并在进洞前基本完成。

(2)进洞前应先作好洞口工程，稳定好洞口的边坡和仰坡，作好天沟、边沟等排水设施，确保地表水不致危及隧道的施工安全。

(3)开挖人员不得上下重叠作业。

(4)边、仰坡以上山坡松动危石应在开工前清除干净。施工中应经常检查，特别是在雨雪之后，发现松动危石必须立即清除。

5.3 开挖、凿孔与爆破作业安全要点

5.3.1 开挖、凿孔安全作业要点

(1)开挖人员到达工作地点时，应首先检查工作面是否处于安全状态。详细检查支护是否牢固，顶板和两帮是否稳定，如有松动的石块、土块或裂

缝应予以清除或支护。

(2)风钻钻眼时，应先检查：机身、螺栓、卡套、弹簧和支架是否正常完好，管子接头是否牢固，有无漏风。钻杆有无不直、带伤以及钻孔堵塞现象；湿式凿岩机的供水是否正常；干式凿岩机的捕尘设施是否良好。不合要求者应予修理或更换。

(3)钻孔台车进洞时要有专人指挥，认真检查道路状况和安全界限，其行走速度不得超过25米/分钟。台车在行走或待避时，应将钻架和机具都收拢到放置位置，就位后不得倾斜，并应刹住车轮，放下支柱，防止移动。

5.3.2 爆破作业安全要点

(1)装药前应检查爆破工作面附近的支护是否牢固。炮眼内的泥浆、石粉应吹洗干净。刚打好的炮眼热度过高，不得立即装药。如遇有照明不足，发现流沙、泥流未经妥善处理，或可能有大量溶洞水涌出时，严禁装药爆破。

(2)洞内爆破不得使用黑色火药。

(3)为防止点炮时发生照明中断，爆破工应随身携带手电筒。严禁用明火照明。

(4)采用电雷管爆破时，必须按国家现行的《爆破安全规程》(GB6722—2003)的有关规定进行，并应加强洞内电源的管理，防止漏电引爆。装药时可用投光灯、矿灯照明。起爆主导线宜悬空架设，距各种导电体的间距必须大于1米。

(5)爆破后必须经过通风排烟。相距15分钟以后，才准许检查人员进入工作面，检查有无盲炮及可疑现象；有无残余炸药或雷管；顶板两帮有无松动石块；支护有无损坏与变形。确认无误后，其他工作人员才可进入工作面。

(6)当发现"盲炮"时，必须由原爆破人员按规定处理。未处理完"盲炮"不得下班，否则会造成操作或接班人钻杆打入残眼，致使钻头触及爆炸药包或雷管、导线引起爆炸发生伤亡事故。

(7)两工作面接近贯通时，两端应加强联系与统一指挥。岩石隧道两工作面除钻孔外岩层余留厚度为8倍循环进尺(当钻孔深度小于2米时岩层余面厚度不得小于15米)时，一端装药放炮时，另一端人员应撤离到安全地点。导坑已打通的隧道，两端施工单位应协调放炮时间。放炮前要加强联系和警戒，严防对方人员误入危险区。土质或岩石破碎隧道接近贯通时，应根据岩性适当加大预留贯通的安全距离，此时只准一端掘进，另一端的人员和机具应撤离至安全地点。贯通后的导坑应设专人看管，严禁非施工作业人员通行。

(8)有关爆破作业的更多安全知识参见公路篇

第 2、3 节。

5.3.3 隧道运输中的安全要点

(1)各类进洞车辆必须处于完好状态，制动有效，严禁人料混载。

(2)所有运载车辆不准超载、超宽、超高运输。

(3)进出隧道的人员应走人行道，不得与机械或车辆抢道，严禁扒车、追车或搭车。

(4)人工装渣时，应将车辆停稳并制动。接渣时，漏斗口下不得有人通过。

(5)洞内机械运输必须有专人指挥。

(6)爆破器材运输注意事项

①在隧道工程外部运输爆破器材时，应遵守《中华人民共和国民用爆炸物品管理条例》。

②在任何情况下，雷管与炸药必须放置在带盖

的容器内分别运送。人力运送时雷管与炸药不得由一人同时运送；汽车运输时，雷管与炸药必须分别装在两辆车内运送，其间距应相隔 50 米以上；有轨机动车运输时，雷管与炸药不宜在同一列车上运送，如必须用同一列车运送时，装雷管与炸药的车辆必须用三个空车厢隔开。

③人力运送爆破器材时必须有专人护送，并应直接送到工地，不得在中途停留。一人一次运送的炸药数量不得超过 20 公斤或原包装一箱。

④汽车运送爆破器材时，汽车排气口应加装防火罩，运行中应显示红灯。器材必须由爆破工专人护送，其他人员严禁搭乘。爆破器材的装载高度不得超过车厢边缘，雷管或硝化甘油类炸药的装载不得超过两层。

⑤有轨机动车运送爆破器材时其行驶速度不得超过 2 米/秒，护送人员与装卸人员只准在尾车内乘座，其他人员严禁乘车。硝化甘油类炸药或雷管必须放在专用带盖的木质车厢内，车内应铺有胶皮或麻袋并只准堆放一层。

⑥严禁用翻斗、自卸汽车、拖车、拖车机、机动三轮车、人力三轮车、自行车、摩托车和皮带运输机运送爆破器材。

(7)爆破器材井内运输注意事项

①除爆破工和护送人员外，其他人员不得同罐乘坐。

②运送硝化甘油类炸药或雷管时，只准堆放一层，且不得滑动。运送其他炸药时，装载高度不得超过罐笼高度的 2/3，并不高于 1.2 米。

③用罐笼运输硝化甘油类炸药或雷管时，其升降速度不得超过 2 米/秒，运送其他炸药不得超过 4 米/秒，用吊桶运送爆破器材时，其升降速度不得超过 1 米/秒。

④司机在操纵卷扬机时，不得使罐笼或吊桶发生振动。

⑤运送电雷管时，应装入绝缘箱内，切断洞内所有电源，并检查钢丝绳是否带电。

⑥严禁爆破器材在井口房、井底车场或在巷道内停放。

⑦在上、下班或人员集中的时间内，严禁运输爆破器材。

5.4 支护与衬砌作业安全要点

5.4.1 支护作业安全要点

(1)如遇石质破碎、风化严重和土质隧道时，应尽量缩短支护至工作面的距离。施工短期停工时，应将支撑直抵工作面。

(2)不得将支撑立柱置于废渣或活动的石头上。软弱围岩地段的立柱应加设垫板或垫梁，并加木楔塞紧。

(3)喷射手应佩戴必要的防护用品。注浆管喷嘴严禁对人放置。

(4)当发现量测数据有不正常变化或突变，洞内或地表位移值大于允许位移值，洞内或地面出现裂缝以及喷层出现异常裂缝时，均应视为危险信号，必须立即报告，并组织作业人员撤离现场，待处理后才能继续施工。

5.4.2 衬砌作业安全要点

(1)衬砌使用的脚手架、工作平台、跳板、梯子等应安装牢固，不得有露头的钉子和突出的尖角。

(2)脚手架及工作平台上的脚手板应满铺。木板之端头，必须搭于支点上。

(3)安装、拆除模板、拱架时，工作地段应有专人监护。拆下的模板不得堆放在通道上。

(4)砌筑高度在1.5米以下时，允许使用跳板抬运，但跳板应架到与隧道衬砌工作面水平的位置。

(5)用石料砌筑边墙，使用普通水泥沙浆时，应间歇进行。当砌筑高度到2～3米时，一般情况下，应待水泥沙浆强度达到70%方能继续砌筑（如水泥砂浆中没有掺加剂，在常温下应停止4小时后再砌）。若墙后超挖过大，回填层应逐层用干（浆）砌料填塞，以免坍塌。

(6)压浆机在使用前应进行检查并试运转，管路连接要完好，压力要正常，操纵压浆喷嘴人员应佩戴护目镜及胶皮手套。掌握喷嘴的人员必须注意喷嘴的脱落并设法躲避。

(7)检修和清洗压浆机时，应在停止运行、切断电路、关闭风门后方准进行。

(8)台车上不得堆放料具，工作台应满铺底板。

5.5 竖井与斜井上、下安全要点

(1)竖井与斜井的井口附近，应在施工前作好修整，并在周围修好排水沟、截水沟，防止地面水侵入井中，发生坍塌。竖井井口平台应比地面至少高出0.5米，井口应有严密的井盖，只有当吊笼吊罐升降时才准许打开井盖。

(2)当工作面附近或井筒未衬砌部分发现有落石，支撑发响或大量涌水时，工作面施工人员应立即从安全梯或使用提升设备撤出井外，并报告上级处理。

(3)在吊盘上工作人员的工具，应妥善地放在工具袋内，使用时应牢固地拴在身上或其他固定物上，不得将不使用的零星工具放置在附近的支撑上。

(4)竖井提升作业，接罐人员均应佩戴安全带，上下井的人员应服从接罐人员的指挥。

(5)吊桶升降机运送人员的速度不得超过5米／秒，无稳绳地段不得超过1米／秒；运送石渣及其他的材料时不得超过8米／秒，无稳绳地段不得超过2米／秒；运送爆破器材时，不得超过1米／秒。同时应注意以下几点：

①提升钢丝绳应与吊桶连接牢固，保证在升降时不致脱钩。

②不得在吊桶边缘上坐立，乘坐人员的身体任何部位不得超出桶沿。

③装有物料的吊桶不得乘人。

④吊桶不得超载。

(6) 罐笼升降

①提渣、升降人员和下放物料的速度不得超过3米／秒，加速度不得超过0.25m/s²。

②如发现钢丝绳有损，罐道和罐耳间磨损度超过规定等，必须立即更换。

③罐笼升降作业时，下面不得停留人员。

(7)检修井筒或处理事故的人员，如果需要站在罐笼或箕斗顶上工作时，必须注意以下几点：

①罐笼或箕斗顶上，必须装设保护伞和栏杆；

②必须佩戴保险绳；

③提升容器的速度一般为0.3～0.5米／秒。最大不得超过2米／秒。

(8)井底车场的信号必须经由井口接罐员发出。井底车场不得直接向卷扬机发信号，只有在发送紧急停车信号时，才可直接向卷扬机驾驶员发出信号。

(9)斜井运输

①斜井的牵引运输速度不得超过3.5米／秒；接近洞口与井底时，不得超过2米／秒；升降加速度不得超过0.5m/s²。

②斜井的垂直深度超过50米时，应配备运送人员的车辆，车辆使用时应做到：

每班运送人员前，必须检查车辆的连接装置、保险链及防坠器；乘人车辆不得超过定员，乘员携带的工具不得超出车厢；卷扬机司机未得到井口信号人员发出的信号，不得开动。

(10)对钢丝绳和提升装置的安全要求：

①提升用的钢丝绳必须每天检查一次，每隔6个月试验一次。安全系数必须符合要求。

②钢丝绳的钢丝有变黑、锈皮、点蚀麻坑形成

沟纹，外层钢丝绳松动时，必须更换。

③有接头的钢丝绳只允许在水平坑道和30°以下的斜井中运输物料使用。

④司机不准离开工作岗位，也不能擅自调节制动闸，应严格监视，防止过速，严格监视过卷装置是否处于正常状态。

⑤升降人员前，应先开一次空车，以检查卷扬机的动作情况，但连续运转时，可不受此限。

5.6 通风、防尘、照明、排水及防火安全要点

5.6.1 隧道作业的环境标准

(1)粉尘允许浓度：每立方米空气中，含有10%以上游离二氧化硅的粉尘必须在2毫克以下。

(2)氧气含量不得低于20%（按体积计，下同）。

(3)瓦斯（沼气）或二氧化碳含量不得超过0.5%。

(4)一氧化碳浓度不得超过30毫克/立方米。

(5)氮氧化物（换算成二氧化氮）浓度应在5毫克/立方米以下。

(6)二氧化硫浓度不得超过15毫克/立方米。

(7)硫化氢浓度不得超过10毫克/立方米。

(8)氨的浓度不得超过30毫克/立方米。

(9)隧道内的气温不宜超过28℃。

(10)隧道内的噪声不得超过90分贝。

5.6.2 通风防尘的一般规定

(1)隧道内空气成分每月应至少取样分析一次；风速、含尘量每月至少检测一次。

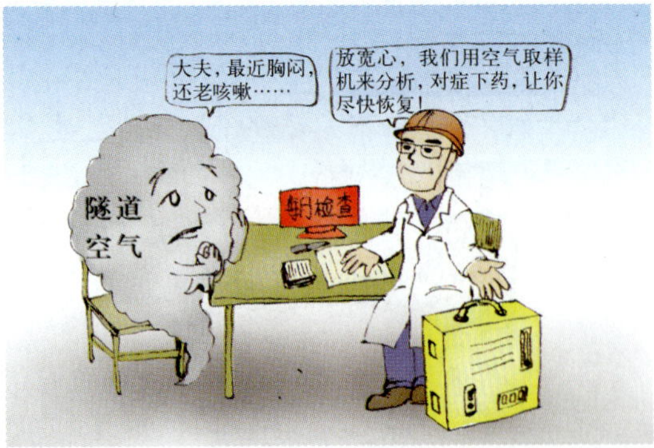

(2)隧道施工时的通风，应设专人管理。应保证每人每分钟供给新鲜空气1.5～3立方米，使用内燃机时，每分钟每千瓦不少于3立方米（每分钟每马力不少于2.2立方米）。

(3)无论通风机运转与否，严禁人员在风管的进出口附近停留，通风机停止运转时任何人员不得靠近通风软管行走和在软管旁停留，不得将任何物品放在通风管或管口上。

(4)施工时宜采用湿式凿岩机钻孔，用水炮泥进行水封爆破以及湿喷混凝土喷射等有利于减少粉尘浓度的施工工艺。

(5)在凿岩和装渣工作面上应做好下列防尘工作：

①放炮前后应进行喷雾与洒水；

②出渣前应用水淋透渣堆和喷湿岩壁；

③在吹入式的出风口，宜放置喷雾器。

(6)防尘用水的固体质含量不应超过50毫克/升，大肠杆菌不得超过3个/升。水池应保持清洁，并有沉淀或过滤设施。

5.6.3 照明、排水及防火安全要点

(1)隧道内的照明灯光应保证亮度充足、均匀及不闪烁。应根据开挖断面的大小、施工工作面的位置选用照明灯的高度和功率。

(2)隧道内用电线路，均应使用防潮绝缘导线，并按规定的高度用磁瓶悬挂牢固。不得将电线挂在

铁钉和其他铁件上，或捆扎在一起。开关外应加木箱盖，采用封闭式保险盒。如使用电缆亦应牢固地悬挂在高处，不得放在地上。

(3)隧道内各部的照明电压应为：

①开挖、支撑及衬砌作业地段为12～36伏；

②成洞地段为110～220伏；

③手提作业灯为12～36伏。

(4)隧道内的用电线路和照明设备必须设专人负责检修管理，检修电路与照明设备时应切断电源。

(5)在潮湿及漏水隧道中的电灯应使用防水灯口。

(6)在有地下水排出的隧道，必须挖凿排水沟，当下坡开挖时应根据涌水量的大小，设置大于20%涌水量的抽水机具予以排出。抽水机械的安装地点应在导坑的一侧或另开偏洞安装，并用栅栏与隧道隔离。

(7)抽水设备宜采用电力机械，不得在隧道内使用内燃抽水机。抽水机械应有一定的备用台数。

(8)隧道开挖中如预计要穿过涌水地层，宜采用超前钻孔探水，查清含水层厚度、岩性、水量、水压等，为防治涌水提供依据。

(9)如发现工作面有大量涌水时，应立即停止工作，撤至安全地点。

(10)各洞、井口施工区，洞内机电洞室、料室、皮带运输机等处均应设置有效而数量足够的消防器材，并设明显的标志，定期检查、补充和更换，不得挪做他用。

(11)洞口20米范围内的杂草必须清除，火源应距洞口至少30米以外。离库房20米范围内严禁烟火。洞内严禁明火作业与取暖。

(12)洞内及各洞室不得存放汽油、煤油、变压器油和其他易燃物品。清洗风动工具应在专用洞室内，并设置外开的防火门。

(13)每座隧道、每个单独的施工洞（斜竖井）都应制订专门的防火措施，按规定设置防火器材，建立消防组织。

5.7 通过煤层、瓦斯区、采空区的施工安全要点

(1)施工通风系统应能每天24小时不停地连续运转，在正常运转时，洞内各部位的风速不应小于最小允许风速。保证瓦斯在空气中含量不超标。

(2)隧道内严禁使用油灯、电石灯、汽灯等有火焰的灯火照明。任何人员进入隧道必须接受检查，严禁将火柴、打火机及其他可自燃的物品带入洞内。

(3) 电灯照明注意事项

①电压不得超过110V。

②输电线路必须使用密闭电缆。

③灯头、开关、灯泡等照明器材必须采用防爆型，开关必须设置在送风道或洞口。

(4) 矿灯照明注意事项

①每个洞口常备的完好矿灯总数，应大于经常用灯总人数的10%。

②矿灯均需编号，常用矿灯的人员应固定灯号。

③矿灯如有电池漏液、亮度不足、电线破损、灯

锁不良、灯头密封不严、灯头圈松动、玻璃和胶壳破裂等情况，严禁发出。发出的矿灯，最低限度应能连续正常使用11小时；

④使用矿灯人员应严禁拆开、敲打和撞击矿灯。出洞或下班时，应立即将矿灯交回灯房。

(5)瓦斯浓度及安全要点

①掘进工作面风流中的瓦斯浓度达到1%时，必须停止电钻打眼；达到1.5%时，必须停止工作，撤出人员，切断电源，等待处理。

②放炮地点附近20米以内风流中瓦斯浓度达到1%时，严禁装药放炮。

③电动机附近20米以内风流中的瓦斯浓度达到1.5%时，必须切断电源停止运行。

④掘进工作面的局部瓦斯积聚浓度达到2%时，其附近20米内必须停止工作，切断电源。

(6)因超过瓦斯浓度规定而切断电源的电气设备，必须在瓦斯浓度降低到1%以下时方可开动；使用瓦斯自动检测报警断电装置的掘进工作面只准人工复电。

(7)及时喷混凝土封堵煤（岩）壁面的裂隙和残存的炮眼，减少瓦斯渗入巷道。

(8)揭煤施工安全要领：短进尺，弱爆破，强支护，快喷锚。

①短进尺：掘进石门坎时，每次爆破掘进长度不大于1米。

②弱爆破：加密炮眼，单孔少装药。

③强支护：在掘进之前，设置超前支护，必要时设置超前注浆小导管，用以加固地层。

④快喷锚：爆破后立即施做初期支护。

(9)采空区出现后，可用喷射混凝土临时支护法处理，即坍塌下来的石渣不去处理，在渣堆上对空腔内的破碎围岩喷射混凝土，厚度至少15厘米，使围岩暂时稳定。

(10)隧道内所有机械设备、电器设备和照明线路及灯具管理，由专人随时检查维护，必要时安装风电闭锁装置。

(11)揭煤爆破作业采取洞内全部撤人，放炮时须停电、停风。

(12)放炮前工作面不装药的炮眼要用黄泥堵塞全孔。

(13)加强揭煤地段作业的矿山救护及安全员、瓦斯检测员的值班，严格执行“一炮三检”制度。同时经常巡检隧道风流中瓦斯浓度，检测是否有瓦斯局部积聚，观察突出预兆，一旦发现异常要及时处理，并做到现场交接班，不得漏检。

(14)隧道作业人员应接受瓦斯知识和瓦斯爆炸知识的安全教育，并佩带个体自救器。

6 特殊季节与夜间施工安全要点

特殊季节与夜间施工往往因为环境的变化带来更多的安全事故，学习和了解特殊季节与夜间施工安全要点，有助于预防安全事故的发生，加强自救能力。

6.1 雨季施工安全要点

（1）对路基易受冲刷部分，应铺石块、焦渣、砾石等渗水防滑材料，或者设涵管排泄，保证路基的稳固。

（2）雨后如果发现边坡有裂缝、疏松、支撑结构折断、走动等危险征兆，应当立即采取措施。

（3）雨季施工中遇到气候突变，发生暴雨、水位暴涨、山洪暴发或因雨发生坡道打滑等情况应当停止土石方机械作业。

（4）雷雨天气不得露天电力爆破土石方，如中途遇到雷电时，应当迅速将雷管的脚线、电线主线两端连成短路。

（5）遇到大雨、大雾、高温、雷击和6级以上大风等恶劣天气，应当停止脚手架的塔设和拆除作业。

6.2 冬季施工安全要点

（1）爆破法破碎冻土注意事项

①放炮后要经过20分钟才可以前往检查。

②遇有盲炮，严禁掏挖或在原炮眼内重装炸药，应该在距离原炮眼60厘米以外的地方另行打眼放炮。

③冬季施工不得使用硝化甘油类炸药。

（2）人工破碎冻工注意事项

①注意去掉楔头打出的飞刺，以免飞出伤人。

②掌铁楔的人与掌锤的人不能脸对脸，应当互成90°。

（3）机械挖掘注意事项

应当采取措施注意行进和移动过程的防滑，在坡道和冰雪路面应当缓慢行驶，上坡时不得换挡，下坡时不得空挡滑行，冰雪路面行驶不得急刹车。在边坡附近使用、移动机械注意边坡可承受的荷载，防止边坡坍塌。

(4)电热法溶解冻土注意事项

①应由电气专业人员担任通电工作。

②电源要通过有计量器、电流、电压表、保险开关的配电盘。

③进入警戒区内工作时，必须先切断电源。

④通电前工作人员应退出警戒区，再行通电。

⑤当冻土含有金属夹杂物或金属矿石时，禁止采用电热法。

(5)采用烘烤法溶解冻土注意事项

①施工作业现场周围不得有可燃物。

②在施工地点安排专人值班，务必做到有火就有人，不能离岗。

③现场要准备一些沙子或其他灭火物品，以备不时之需。

(6)脚手架、便道要有防滑措施，及时清理积雪，脚手架要经常检查加固。

(7)现场使用的锅炉、火坑等用焦炭时，应有通风条件，防止煤气中毒。

(8)大雪、轨道电缆结冰和6级以上大风等恶劣天气，应当停止垂直运输作业，并将吊笼降到底层（或地面），切断电源。风雪过后作业，应当检查安全保险装置并先试吊，确认无异常方可作业。

6.3 高温季节施工安全要点

(1)职工应知道中暑症状，避开中午高温时间作业，并要经常洒水降温。

(2)职工可多喝绿豆汤、清凉饮料及其他防暑降温饮料。

6.4 夜间施工安全要点

(1)施工住地须设置路灯。

(2)大型桥梁攀登扶梯处应有照明灯。

(3)船只停靠的码头应有照明灯。

(4)施工中临时工程应有围拦，并悬挂红灯示警标志。

7 公路工程施工常见安全事故

本章列举了公路工程施工中一些常见的事故案例。惨痛的教训、活生生的案例摆在面前，我们有些施工单位和施工人员应该警醒了。

案例一 拆除工程中的坍塌事故

某工程单位在对立交桥作业区域内原有厂房拆除工程施工中，发生了一起建筑物坍塌导致2人死亡的事故。

作业人员未支搭拆除工程施工脚手架，站在被拆除建筑物上进行拆除作业，违反了拆除工程施工操作规程，是导致此次事故发生的直接原因。

案例二 压路机倾翻事故

某工程单位在进行路基填方作业收工时，发生了一起压路机倾翻事故，导致1人死亡。

本次事故主要原因如下：

(1)压路机检修保养不及时，技术性能不符合标准。

(2)上下沟的便道坡度过大，不符合规定。

(3)压路机驾驶员违反操作规程驾驶压路机爬陡坡（27°，一般应不超过8°～9°），正是由于这个原因使压路机负荷过大，液压驱动马达供油管路破裂，导致压路机失去动力，下滑。

案例三 大桥施工中的翻船事故

某公路工程公司在大桥施工中，发生了一起渡船翻倾事故，造成1人淹溺死亡。

作业人员违反操作规程，在禁止行船的大

风情况下驾船，并不按规定航线，不按规定的逆水角度前进，同时，乘船人员未穿救生衣，导致死亡事故发生。

案例四　桥梁大梁支架坠落事故

某公路工程公司在进行整体支架下落作业中，发生了一起整体支架坠落事故，造成多人受伤。

钢丝绳受力不均，导致某根钢丝绳的受力超过破断力，进而连锁反应，使一侧的钢丝绳接连全部断裂（人工控制10个手动葫芦同时动作，根本无法保证各吊点下落速度、下落高度相同，也就无法保证各吊点钢丝绳的受力相同）。

案例五　起重机与火车相撞事故

某公路工程公司在高速公路施工中，发生了一起20吨轮胎式起重机与火车相撞事故，造成本单位1名职工和火车驾驶人员3名，共计4人死亡。

主要原因有以下几点：

(1)操作人员（无起重机驾驶证）通过铁路道口观察不够，开上铁路后正遇火车驶来。

(2)临时道口无人看管。

(3)该临时道口旁，障碍物多，影响起重机驾驶人员的观察视线。

案例六　桥梁施工中高处坠落事故

某桥梁工程在拆除引桥支架施工过程中，发生一起高处坠落事故，造成一人死亡。

进行高处拆除作业前，没有编制支架拆除方案，也未对作业人员进行安全技术交底，加之人员少，就安排从未进行过拆除作业的木工冒险爬上支架进行拆除工作，是事故发生的重要原因。

作业人员安全意识淡薄，对进行高处拆除作业的自我安全防护漠然置之，不系安全带就爬上支架，擅自用割枪割断连接钢筋后图省事用手往下推扔弦杆被挂坠这是事故的直接原因。

案例七 火灾事故

某施工单位工地发生了一起因烘烤潮湿木板，烧毁14间职工住房的重大火灾事故，直接经济损失3万余元，幸无人员伤亡。

主要事故原因

(1)职工住宅全部采用毛竹、席子、油毡等易燃材料搭建，火灾发生后，火势蔓延极快，不易扑灭。

(2)该单位临建住房整体布局规划不合理，每排住房间距不足3米，且两排住房之间还搭建有临时厨房，通道仅供人员行走，消防车开不进去。

(3)没有预留消防栓，消防车赶来时无法取水灭火，丧失了最佳灭火时间，致使大火蔓延。

案例八 触电事故

某道路施工单位发生一起触电事故，造成一人死亡。

某职工下班后提水桶到锅炉处去打水冲澡，因嫌人多排队，水龙头放水太慢就私自到抽水泵处准备用水泵直接往桶里抽水，当张某用右手去开启水泵电源开关时，由于光线昏暗，闸刀盒开关下部无防护盖，右手触摸到裸露的线头上，当场触电死亡。

闸刀开关一无开关箱，二不完整，三无专人管理，任何人要抽水都可以随意推上开关取水。另外按照规范要求，抽水房的灯光设置要明亮，但该现场却没有灯光照明，一片昏暗，看不清闸刀开关是否完整。该单位的不良管理导致惨剧发生。

案例九 桥梁工程挂篮坠落事故

某桥梁工程单位在施工过程中，由于起吊物件撞倒支撑挂篮后侧锚固的千斤顶，导致挂篮整体翻坠，造成4人死亡。

主要事故原因：

（1）在建设单位对工期一再要求提前的情况下，施工单位组织“挂篮施工大会战”。为了赶进度，在没有制定“挂篮施工工艺方案”的情况下，仓促进行挂篮施工。作业现场多项工作齐头并进，管理十分混乱。

（2）按照挂篮施工设计要求，对挂篮的四个锚固点均应进行锚固，但为了省事，该挂篮只锚固了两个点。对此，工程负责人及现场技术人员视而不见，不检查、不纠正。造成挂篮整体稳定性差，埋下事故隐患。

（3）吊车驾驶员在起吊作业过程中，看不见指挥人员的手势和信号（指挥吊车者无手旗和哨子），当吊物偏移视线完全被挂篮挡住时，驾驶员仅凭感觉操纵旋转吊车主臂，根本看不见吊物所在的高度和位置，盲目操作，导致事故发生。

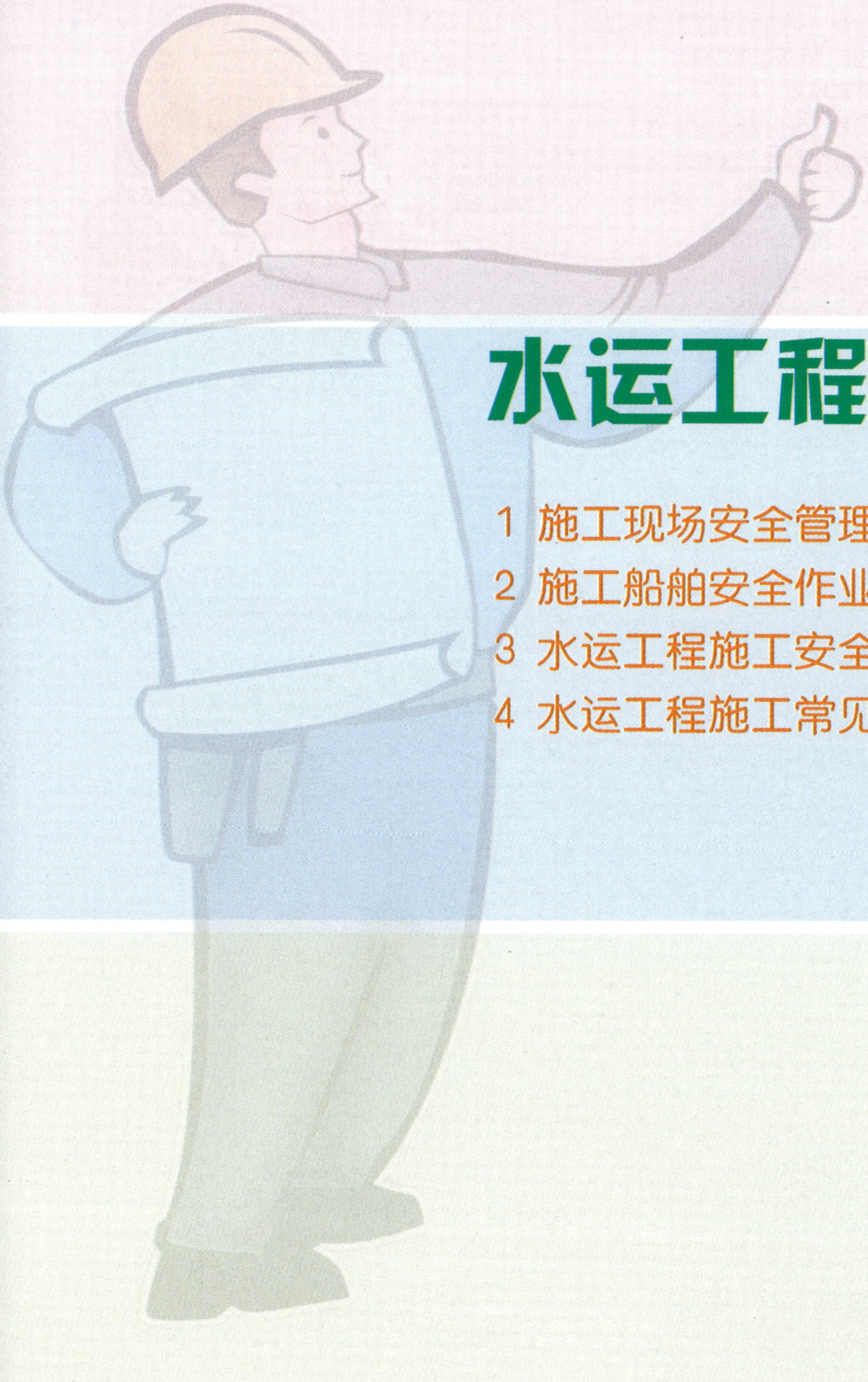

水运工程篇

1 施工现场安全管理要点

不合格的现场安全管理会留下许多隐患，合格的现场安全管理会消除各种隐患。加强施工现场安全管理，消除安全隐患，是安全施工的重要环节。

1.1 施工现场安全管理要则

(1)作业人员上岗前必须接受相关安全教育。

(2)作业船舶应进行定期维修，严禁带病运转。

(3)施工船舶作业时，应按规定悬挂灯号和信号。

(4)施工船舶在航行或施工作业时，驾驶员要加强瞭望，谨慎操作。

(5)作业人员应树立安全意识，按规定使用救生设备。

(6)作业班组要坚持安全学习制度，并按规定填写记录，保存备查。

(7)施工现场强制性安全措施

①未穿戴劳动防护用品（安全帽、救生衣等）的员工（包括来访者）不得进入施工现场和作业船舶。

②所有施工船舶和特种作业人员上岗操作，必须持有相应资格证书。

1.2 施工安全事故防范要点

1.2.1 作业人员一般规定

(1)自觉接受安全生产教育，增强安全意识。

(2)参加岗位安全知识培训，提高安全技能和操作水平。

(3)严格执行安全操作规程和工艺纪律。

(4)做好均衡生产，防止疲劳作业。

(5)正确使用个人防护用品。

(6)作业人员应保持良好的精神状态和心理状态，强化自我保护意识，做到“三不伤害”：不伤害自己，不伤害他人，不被他人伤害。

1.2.2 潜水作业人员的安全防范

(1)潜水员必须持证上岗。
(2)作业前，要充分了解作业现场情况。
(3)严格执行潜水作业安全操作规程。
(4)潜水装具必须完好。

(5)随时保持水上水下联络的畅通。
(6)严禁酒后潜水作业。
(7)作业时不得进行与指定作业无关的操作。
(8)潜水作业水深超过30米时，现场应备有随时可用的减压舱，并有预备潜水员。

1.2.3 水上作业人员的安全防范

(1)作业人员上岗前必须进行专业培训和安全教育，考试合格并持有有关部门核发的有效的操作证书后方可上岗。
(2)水上作业人员必须穿救生衣，严禁一人单独作业。

(3)工作前或工作时间中不准饮酒，作业区域内严禁游泳、跳水、捞取失物或抛投工具。

1.3 水上作业防风、防台安全要点

(1)进入强风季节前，全面检查船舶的车、舵、锚、通信、水密、堵漏、排水、消防、救生等设备，对查出的隐患应立即进行整改。
(2)每天按时收听气象预报，以及时获取强风信息；加强气象海况瞭望，做好防御准备。
(3)风浪大时，作业人员不宜上下船。

(4)锚泊施工的船舶要防止边锚崩断钢丝伤人、钢桩断裂、泥斗出轨等事故.
(5)风浪过大超过船舶抗风浪能力时，应采取有效措施避风。

1.4 船舶消防安全要点

船舶火灾的危险区域是指船舶容易发生火灾的部位，包括以下几个方面。

（1）机舱

控制机舱火灾的方法包括：关闭水密门；关闭防火门；关闭风门；在实际可行的地方对洒水系统进行遥控。

（2）生活区

控制生活区火灾的方法有：关闭防火门和通风系统；开启洒水系统；尽量使用防火材料、防火家具等。

（3）厨房

控制厨房火灾的方法有：关闭防火门、厨房的通风和抽烟风机；用防火毯加盖着火部位。

（4）电气设备较多的地方及蓄电池房等处。

控制火灾的方法有：切断电源；关闭防火门和通风系统。

（5）船舶物料间

船舶物料间往往存有可燃物质，因此危险性较大。具有危险特性的物品，如：油漆、清漆、润滑油等不应存放在生活区和机舱等处，应存放在油漆间或甲板物料间。

1.5 水上爆破作业安全要点

（1）事先向公安、海事等有关部门申请并发布爆破施工通告。

（2）作业船舶在作业中应按照有关规定悬挂各种信号。

（3）进行水下作业时还应做好爆破器材的运输和贮存以及其他消防、安全准备工作。

（4）水下爆破装药前，应及时掌握气象、水文资料，遇特殊恶劣气象、水文情况时，应停止爆破作业，所有人员应撤离到安全地点。

（5）起爆器材加工、运输要按有关规定执行。

（6）严格按规定使用各种起爆材料。

2 施工船舶安全作业要点

水运工程施工大部分情况下需要通过施工船舶开展，严格按章操作，保证施工船舶的安全，掌握各种船上工作的安全要点，必定会有效减少安全事故。

2.1 自航式耙吸挖泥船安全作业要点

（1）必须仔细观察船舶仪表和设备运行情况，保持泥浆浓度符合标准。

（2）船舶在耙吸过程中航向要保持稳定，控制船与灯浮保持安全间距。

（3）船舶通讯设备应在指定频道上，驾驶员应主动与过往船舶联系沟通，明确避让行动，确保安全。

（4）出现视线不良、紧急情况或有疑虑时，应及时报告船长。

（5）夜间施工时，值班人员应严格执行船长"夜航命令簿"中的指示。

（6）挖泥过程中如遇耙头工作异常时，应立即报告。

（7）在抛泥区须稳向、微速前进或停车抛泥；风浪大时应采取顺浪或顶浪抛泥；浅水区抛泥应保证抛泥后船底富余水深不小于0.5米；在浅水区抛泥船底富余水深小于1.0米时应先抽舱或预卸后抛泥。

（8）停工时要仔细检查耙头、泥管、起吊收绞装置、钢索、部件有无磨损、拆裂、螺栓松动等现象。

2.2 绞吸式挖泥船安全作业要点

（1）绞吸式挖泥船进入施工区要有专人指挥，检查水深合适后开始放钢桩。

（2）作业前，应对设备及仪表控制系统进行全面检查，认真做好交接班。

（3）开工作业前，要在浮管侧及排泥管口设立"停留危险"等警示标牌。

（4）吹泥过程中需到浮管松放锚缆时，应事先通知操纵室值班人员，将主机减速，并注意浮管上松缆人员的动态，松缆人员到浮管必须穿着救生衣。

（5）横移和停吹时，严禁将副钢桩插入水中。

（6）抛移锚时，作业人员必须穿着救生衣，操作时站在适当位置，防止锚缆抽伤。

(7)水上管线作业必须穿着救生衣，应对来往船舶加强瞭望，风浪大时应停止作业。所用的葫芦、索具等工具要用绳索套牢，不得以扔、掷方式传递工具。

(8)在施工作业中发现意外情况，应立即报告，紧急情况下可先停机后报告。

2.3 链斗式挖泥船安全作业要点

(1)作业前，当班人员应对仪表和设备进行全面检查，认真做好交接班。

(2)作业人员必须严格按照安全生产技术操作规程和施工方案规定程序作业，严禁违章作业。

(3)链斗运转时，应密切注意斗桥状况，听到异常声响应立即停车，发现塌方应迅速松放主锚缆，若有水下障碍物必须检查排除。

(4)应在驳船靠泊系妥后松放卸泥槽，在驳船解缆前收绞卸泥槽。

(5)锚机运转时，机上不得放置工索具。

(6)绞锚时，禁止超负荷运转。

(7)有辅助船舶靠离挖泥船时，挖泥船应积极配合。

(8)清除障碍物时，必须停止一切挖泥操作，悬挂“禁止启动”标志后，方可实施。

2.4 抓斗式挖泥船安全作业要点

(1)抓斗式挖泥船宜顺流施工，在流速不大或有往复潮流的地区可采用逆流施工。

(2)作业前，要了解掌握施工工况、水域环境、通航密度和当地季节气候等情况。

(3)作业过程中，甲板值班人员要注意周围水域船舶动态，预防无关船舶靠近或者靠离的作业船舶损伤本船锚缆。

(4)泥驳停靠本船稳妥后，方可挖泥。

(5)挖泥过程中，严禁突然制动抓斗。

(6)抓斗作业半径范围内禁止站人。

(7)夜间工作时应有充分的照明。

(8)升降、摆动抓斗时，必须注意防止抓斗碰到装驳的船舶。

(9)装驳过程中，应根据泥驳干舷高度的变化及时调整系缆的松紧度。

2.5 铲斗式挖泥船安全作业要点

(1)作业前，当班人员应对设备进行全面检查，认真做好交接班。

（2）铲斗式挖泥船就位后，在安全船速下按船长指令放下定位桩。

（3）在软土质地区施工时，抬船操作应注意要逐渐均匀地增加对钢桩的压力，挖泥时可先从正前方开始，

向左右均匀下铲，并注意调整抬船高度。

（4）前移时，移距应根据后桩倾角和当时的水深确定。后桩的倾斜角最大不得超过15°。

2.6 泥驳安全作业要点

（1）作业前，了解掌握施工工况、水域环境、通航密度和当地季节气候情况。

（2）船长应结合施工工况、水域环境、通航密度和当地气象等情况制定相应的安全技术措施，组织全体船员进行安全技术交底。

（3）非自航泥驳在航行过程中，注意瞭望，保持与拖轮的联系，协助拖轮做好航行的安全工作。

（4）靠离挖泥船要慢速小心，以防船体碰撞船体损坏结构。

（5）带解缆和冲洗甲板人员穿着救生衣、戴安全帽要规范，严禁穿拖鞋作业。

（6）开体泥驳进入卸泥区应避免在横浪状态或转向过程中卸泥。

（7）非自航泥驳应听从拖轮的指挥，严禁泥驳处于横浪状态或在转向过程中卸泥。

（8）泥驳卸泥时应控制卸泥速度，减少由于卸泥速度过快对船体造成较大的振动。

2.7 打桩船安全作业要点

2.7.1 准备工作

（1）了解施工地点的水文情况、现场条件和施工要求。

(2)作业前，应掌握工程的性质、打桩方法、打桩顺序、抛锚数量、带缆位置及安全作业要求。

(3)对船上各类设备及工具进行全面检查，发现问题及时修理或更换，确保符合安全使用要求。

(4)拖航前对船上的相关设备、设施加以固定确保拖航过程中的安全。

2.7.2 沉桩作业中

(1)工作时必须穿好救生衣、戴好安全帽，穿好防滑鞋，高空作业要系好安全带。

(2)吊桩时严格遵守“六不吊”，即：钩不垂直不吊，超负载不吊，船舶吃水不够不吊，有大风影响安全不吊，视线不清不吊，物件(桩)上、下面有人不吊。

(3)吊桩前应检查各种机械、索具、夹具、吊环等是否符合安全要求，并进行试吊。

(4)吊桩时，起重指挥要严格按安全操作规程进行操作，做到手势规范，哨声响亮。

(5)桩架工作平台、阶梯要根据季节变化，采取防滑措施，桩架上使用的工器具要固定，严禁下抛物品。

(6)作业人员不准乘桩锤、替打上下移动，不得将头、手、脚靠近龙口危险区，不准手拉、脚蹬运行中的滑轮、钢丝绳等活动物体。

(7)挑龙口打桩时，从船体到主架通行的跳板上，要采取防落水淹溺措施。

(8)打桩船在移位和进退时应注意锚缆位置，防止缆索拌桩或伤人。

(9)沉桩作业过程中，要加强作业现场和航道的有效瞭望，确保施工水域的航道安全。

(10)工作结束后，对船舶停泊位置、锚缆系统做妥善安排，并按航行通告要求停泊，显示规定信号。

(11)桩顶被水淹没时，应在淹没桩两端设置标志，夜间设置红灯，悬挂警示标牌。

2.8 起重船安全作业要点

2.8.1 准备工作

(1)船长应实地察看，根据起吊物的性质、重量等确定下锚位置、起吊方法。

(2)作业前必须进行安全技术交底。

(3)检查吊钩、滑轮、卸扣、链条、转环、螺栓、插销等零件是否良好，起重钢丝绳的两端是否牢固。

(4)吊重卸扣、滑轮、螺栓、插销、转环等的截面直接磨损超过10%时应更换。

(5)受力钢丝绳，断丝根数在8倍直径的长度内超过10%或有显著的过度磨损者应更换。

(6)检查吊钩有无危险裂痕、腐蚀或变形，检查起重设备和甲板机械设备是否符合使用要求。

(7)检查绞车制动器、离合器、操纵杆是否松弛或不良。

(8)应由专人负责起重指挥。

(9)操作人员应预先熟悉掌握起重操纵所用信号。

(10)风力大于6级时，应停止起重作业。

2.8.2 起重作业

(1)起重时，除经过批准的试验外，不得超负荷起吊。

(2)捆缚起吊物件时，要考虑捆缚用钢丝绳的承受能力，所用钢丝绳长度要适当。

(3)在起吊有坚硬边缘角的物件时，在硬角和钢丝扣相摩擦处应设胶皮或硬木。

(4)在吊圆形物体时，系扣应夹垫木料或胶皮，以防被吊物件滑落。

(5)起吊物件时，吊钩应在物体的正上方垂直起吊，禁止斜吊或用吊钩拖拉物件。

(6)正式起吊前，物件应经过试吊，离地不超过0.5米，发现不平衡、不稳或制动不良，应放下重新调整。

(7)吊起的物件顶部及吊起的物件下方，禁止站人。

(8) 起吊前应查看和计算船体吃水是否满足要求。

(9)提升物件时，速度要均匀平稳，禁止忽快忽慢或突然制动。

(10)起吊物体时，要注意吊钩的上升高度，避免吊钩到达顶点。

(11)物件吊到空中时，舢板（机动艇）或车辆应避免从起吊物体下方经过。

(12)物件吊到空中时，操作人员不得离开操作岗位。

(13)吊重物移船时，各绞车应注意指挥人员的指挥信号，做到松紧均匀，避免突然停止或突然启动，使重物在空中摇摆。

(14)吊重物件放落时，要用慢车，距地1米时，主绞车应缓慢停住，等校正安放位置后再慢车放下。

(15)吊重物体落下后，绞车卷筒上钢丝绳不能全部放完，至少保留5圈。

(16)等待工作或休息时，不准有物体吊挂在空中。

(17)在起吊埋在土中或水中的物件时，应缓慢进行，防止超载，等该物件有移动时再起吊。

(18)当用两艘起重船同吊一个物件时，必须在安全部门和技术部门的领导下，拟出操作方案和安全措施，经安全部门和技术部门签字确认后，方能进行。

(19)当用两艘起重船共同吊一个物件时，两船应互相联系，并明确一个指挥人员进行指挥，保持物件吊起同一高度，并保持同步作业。

(20)夜间起重作业时，工作地点应有足够的照明，但不能妨碍指挥人员和操作人员的视线。

(21)起重船与其他船舶配合工作时，双方船长应互相联系，明确分工，密切配合。

2.8.3 吊杆的旋转和升降

(1)在操作旋转起重机时，人员必须熟悉吊臂在各种变幅角度（吊臂伸出距离）的安全吊重。

(2)在操纵吊臂变幅时，吊臂伸出距离应与规定的吊重相适应，禁止吊重时吊杆伸出超过规定的水平距离。

(3)吊臂的旋转速度应缓慢，并注意不要碰撞周围的人、船只或码头上的设施等。

(4)起重机的吊臂在满负荷时，应尽可能避免吊臂变幅操作，如因工作需要必须变幅时，吊臂变幅角度不得超出允许的范围。

2.8.4 结束工作

(1)起重工作结束后，值班人员应将操纵手柄、开关或控制器等放到初始位置。

(2)吊钩应予以固定，不得摇晃。

(3)工具或绳索等应收拾好，并存放在原来的位置。

(4)通知甲板、轮机两部做好各自的检查、养护、修理工作。

(5)做好各种报表、日志、修理单、物料申请单及检查、养护、修理记录。

(6)做好船舶、机械设备的防雨、防暴晒、防雪、防冻、防滑、防盗、防火等工作。

2.9 混凝土搅拌船安全作业要点

(1)混凝土搅拌船长在接受生产任务之后，首先要实地察看，了解施工区域的水深、水流和气象变化情况，沿海施工还应察看和确定应急避风锚地和避风港。

(2)作业前应接受安全技术交底。

(3)混凝土搅拌船应严格遵守工程船舶拖航、调谴规定，在船舶拖航中，服从拖轮的指挥，与辅助船舶之间要做好沟通、协调和配合工作。

(4)进入施工点进行抛锚时，混凝土搅拌船还应根据风向、水流、地理位置、作业环境及时与拖轮联系，正确抛锚，在保证船舶本身安全的前提下确保混凝土浇筑的顺利进行。

(5)混凝土搅拌施工过程中要正确选用符合规范要求的原材料，避免造成泵送混凝土过程中的堵管、爆管伤人现象。

(6)在操作布料臂的过程中，要有专人监视、指挥布料臂的操作。严格执行安全操作规程，凡遇到

雷雨大风等恶劣天气，均不得展开臂架进行作业。

2.10 驳船安全作业要点

2.10.1 方驳安全作业要点

(1)施工前

①方驳船（驾）长要了解装载任务，施工地点的水深、水流、风浪、气象变化情况，是否符合本船设计能力。

②使用方驳的施工单位应当向方驳进行施工任务、作业环境和方法、驻位方式及安全技术交底，明确交代带缆的位置。

③船（驾）长要向船员交代清楚装卸程序、方法及安全作业事项。

④所有人员必须按岗位责任，认真检查船舶各种机械设备和所有工具，包括锚机、绞缆机、绳索、锚缆卡环等是否正常。检查动力设备的运转是否正常。

认真检查各种机械设备和工具。

(2)施工中

①出海拖带时，要严格执行工程船舶调遣出海拖带航行办法，进行封舱加固，做好拖带的一切准备工作。

②驻位下锚时，应集中精力，根据风流情况与拖轮商定抛锚顺序。抛、起锚应严格执行各锚机的安全操作规程。

③移船靠船时，应垫好靠帮球，带缆时要站稳脚。撇缆时要提醒对方。

④在解、移缆绳时，操作人员应站在安全的位置，和对方联系好后，方可操作。

⑤摇舢舨送缆时，后手要放松。收绞缆时，要征得带缆人的同意并待舢舨脱离缆绳后才能进行收缆。

⑥要保持甲板整洁，冬季严禁往甲板上泼水。有冰、雪、霜时，应及时清扫防止滑倒。

⑦靠码头时，应根据潮水涨落和风向情况，必要时可下开锚，应缓慢停靠。停泊时，及时松紧缆绳。停泊驻位时，一定要检查周围水深情况和有无障碍物。

⑧方驳满载拖带时，应注意防止急转弯。

⑨船员在船上行走时，特别是在船舶帮靠过程中，应随时注意船舶状态，防止船舶突然晃动，造成落水。

2.10.2 方驳锚机安全操作要点

(1)工作前先将手柄或主令开关调整好，待机舱备好车后，检查各指示灯、仪表是否正常。如不正常及时通知机舱修理，在确认正常前，不可动车。

(2)对使用柴油机锚机的方驳，在工作前要检查柴油、机油、水是否达到开机要求。手摇启动的柴油机，要防止摇把弹回伤人。

(3)操作人员应坚守岗位、集中精神、看清手

势、听从指挥，当听不清或看不准时可暂时不动车，但应当立即报告指挥人员，并及时沟通情况，避免发生事故。

(4)在起锚、下锚、移船中，避免骤绞突停或绞缆过猛。松缆要均匀，以免松多时使缆绳乱扣造成事故。

(5)对设有绞缆机甩头设备的方驳，操作人员不得徒手抓缆，绞缆时要在绞缆机甩头1米以外，防止将手带入。将缆绳绕3～4圈，当受力大时要慢绞活拿，防止断缆伤人。

(6)操作人员要保持锚机附近干净整洁，工作后擦干扫净。锚缆磨损如有问题及时向船（驾）长或指挥人员汇报，采取措施保证安全。

(7)经常检查锚机、工属具、缆绳、牙口等，防止发生缆绳、牙口断裂伤人事故。

2.11 拖轮安全作业要点

2.11.1 施工作业安全要求

(1)作业前，了解掌握施工工况、水域环境、通航密度、当地气象和被拖物的情况。

(2)船长应结合施工工况、水域环境、通航密度和当地气象等情况制定相应的安全技术措施，组织全体船员进行安全技术交底。

(3)配合非自航泥驳作业前，应组织泥驳船长进行拖驳作业安全技术交底，取得安全作业的协调一致。

(4)在航行过程中加强瞭望，注意避让船舶，

远离浅滩、暗礁等碍航物。

(5)靠离他船时，必须事先用甚高频电话等有效手段与被靠离的他船取得联系，按规定鸣放气笛，并确认安全后再靠上或离开。

(6)人员上下船舶或跨越他船，必须等待拖轮带上缆靠好，经值班驾驶员允许后方能上下或跨越，船舶未带好缆人员禁止上下船。

(7)拖带非自航泥驳进入卸泥区卸泥应避免处于横浪或调头过程中，以免横浪的冲击造成泥驳与拖轮产生较大的碰撞。

2.11.2 拖带调遣安全要求

(1)拖轮船长应制定拖航计划和安全技术方案，并组织本船和被拖船船长、大副、轮机长等有关人员召开航前调遣会议，介绍本航次拖航调遣任务，布置航前安全准备工作。

(2)拖轮及被拖船的大副、轮机长分别组织对本船甲板、机舱进行航前适航封舱加固。

(3)各船船长组织本船大副、轮机长对本船的航前封舱加固适航情况进行检查。

(4)拖轮船长组织对被拖船、沉箱、水上排泥管线等被拖物进行一次航前封舱加固适航情况检查。

(5)无人在船的非自航工程施工船舶、沉箱、水上排泥管线等被拖物应配置足够可用的电池和光电效应开关，保证夜航时灯光信号正常。

3 水运工程施工安全要点

水运工程施工作业在水上进行，危险性较大，也容易出现安全事故，严格按章操作，杜绝“三违”作业，杜绝粗心大意，是保障生命安全的正确途径。

3.1 沉箱预制、出运安全作业要点

3.1.1 沉箱预制安全操作要点

(1)钢筋工程

除认真遵守钢筋机械和钢筋工程安全操作规程外，还要认真遵守以下要求：

①各种电动机具由持证作业人员负责使用和保管。

②钢筋绑扎时脚手架要搭设牢固，高处作业必须系安全带。

③钢筋骨架必须由持证电焊工焊接，雨天禁止露天进行钢筋焊接。

④吊运钢筋骨架、钢筋前检查所有吊点、钢丝绳、卡环等是否安全可靠，否则禁止使用。

⑤在冬雨季，施工现场比较湿滑的情况下，操作人员必须穿防滑鞋和绝缘护品。

(2)模板施工

①模板起吊前应检查所有吊点、钢丝绳、卡环等是否安全可靠，否则禁止使用。

②外片模板外侧必须悬挂安全网。

③模板起吊前，应检查模板上是否有易坠落物件，并予以清除。

④模板吊装必须有专人指挥。

⑤模板应严格按设计吊点位置起吊，保证模板在起吊过程中的稳定，避免与他物相碰。

⑥拆除模板前，要先挂钩，钢丝绳带劲后方可拆除螺栓。其他模板应固定好，防止碰倒。

⑦人行过桥必须固定牢固，并下设安全网。

⑧施工人员上下沉箱必须走人行过桥和外片模

板上的梯子，禁止直接跨越栏杆或从外片模板桁架处攀爬。

(3)混凝土施工

①作业前做好安全措施，对使用的工具、运输道路、照明设施、跳板、脚手架、平台等作业设施必须进行检查，确保安全方可进行工作。

②施工现场的电气设施的安装必须符合电气安全技术有关规定。

③操作振捣器的人员，必须戴好绝缘手套，振捣器的闸箱必须安装漏电保护器，闸箱与操作点的距离不得大于30米。

④要经常检查振捣器电缆有无破损、老化。

⑤雨天作业要采取有效的安全措施，振捣器电机要有防雨设施。

⑥泵车操作人员必须严格检查钢管和软管是否严密、破损、裂纹，卡子要卡紧，浇筑过程听从指挥。

3.1.2 沉箱出运安全操作要点

(1)陆上预制滑道下水沉箱起浮出运

①从事起重作业的人员，必须经专业安全技术培训考试，取得合格证方可上岗作业。

②施工人员进入现场必须戴好安全防护用具。

③使用吊车前必须检查吊索具，确认完好后方可进行作业。

④上下沉箱的软梯每次使用前要检查是否完好。

⑤悬挂软梯要有固定的锚定措施。

⑥保证水上、地面通信畅通，并密切协作。

⑦水上作业必须穿着救生衣。

⑧沉箱溜放前，要注意搜集海况和气象，当海上风级等于或大于5级、波高等于或大于1米，应停止溜放作业。

⑨使用顶升设备前检查千斤顶、油泵、油管、电器线路等设施是否完好，确认完好后，方可使用。

⑩在沉箱横、纵移及溜放过程中，指挥人员必须注意各部位操作人员的安全，卷扬机操作人员必须听从指挥。

⑪沉箱溜放前，应检查轨道，轨道固定螺栓钢丝绳及卷扬机是否正常，无误后方可溜放。

(2)陆上预制气囊出运

①气囊通过的通道场地必须平整，不存在尖锐物和障碍物。

②出运通道的斜坡段，坡道应平整。

③在气囊充气过程中操作人员应站在气囊嘴侧面，不允许任何人站在囊嘴对面。

④气囊摆放间隔应尽量均匀。

⑤对于气囊囊头在出运时可能处于构件之下的情况，其运行高度应大于囊嘴金属结构体直径10厘米以上。

⑥气囊使用应符合规范和厂家提出的使用要求，并按期进行检查。

⑦气囊充气应缓慢进行，充气人员应注意气压力的变化，并观察气囊变化情况，移动前气囊必须全部展开。

⑧出运过程要注意观察气囊的滚动情况，防止气囊自扭转或相邻气囊压叠在一起。

⑨气囊充气后应避免受冲击荷载。

3.2 沉箱拖运安全作业要点

3.2.1 沉箱浮运拖带前的准备工作

沉箱拖运前，除应对沉箱孔洞采取封堵处理和在沉箱外壁绘制清晰醒目的水尺外，还必须对所拖运的沉箱进行不少于24小时的漂浮试验，检验沉箱是否有漏水、渗水现象。

3.2.2 拖带作业的组织及安全注意事项

(1)参加拖带作业人员必须掌握海上施工、起重、沉箱拖带等作业的基本知识。

(2)沉箱拖运前，必须制定处理沉箱拖带时突发事件的应急处理预案。

(3)对沉箱拖带的每项工作，必须制定安全责任制和安全操作规程，并对参加作业人员进行全面的安全技术交底。

认真做好技术交底

(4)远程拖带的沉箱，箱顶应设号型和号灯，雾天航行时，沉箱应设雾号。

(5)拖轮与基地间应有无线电通讯手段，定时通报情况，随时指示拖带作业的进行。拖带过程中，各船间应有良好的通讯联络设备。

3.3 方块、扶壁及沉箱安装安全作业要点

3.3.1 方块安装要点

(1)在安装底层第一块方块时，一般第一块方块的位置上先粗安装一块，以此为依托，进行第二块方块安装，然后以第二块方块为依托，重新吊安第一块方块。

(2)安装水下方块时，起重船在方驳上吊取构件后，逐步将方块移至距已安装方块4～5米附近处，松钩使方块下落至其底面距基床顶面约1米左右，再缓慢移船使方块接近已安装方块，继续松钩使方块降至底面距基床顶面约0.2米左右，然后由潜水员根据安装控制线和做缝板，指挥起重船就位、松钩进行安装，最后由潜水员检测缝宽、错牙和偏位情况，合格后拆除吊具。

(3)顺岸式码头，当遇风浪有可能使已安方块移位或倾倒时，应及时抛填墙后棱体。

(4)在安装过程中应根据地基土层分布情况和技术要求，按规定没沉降，位移观测点，并定期观测。

3.3.2 沉箱安装要点

(1)一般情况下，第一个沉箱先粗安，待第二个沉箱安装后，第一个沉箱再抽水上浮，重新按要求进行安装。

(2)沉箱拖至现场后采用拖轮傍拖或用其他牵引设备牵引，使沉箱逐步接近安装位置。

(3)沉箱安装过程要通过调整压载水来保证沉箱处于平衡稳定状态。

(4)如重力式码头所在地波浪、水流条件复杂，在沉箱安放后，应立即向箱内灌水，待经历1～2个低潮后，复测位置，确认符合质量标准后，及时填充箱内填料。

(5)对采用起重船吊装或起重船助浮安装的沉箱，安装时，沉箱内应灌注足够的压载水，并保证沉箱稳定平衡，提高抗风浪能力。

(6)对基床地基分布不均匀的，根据其地基情况和技术要求在沉箱顶设置沉降、位移观测点，并测量初始值，以后分施工段和一定时间间隔对沉箱的沉降和位移进行观测。

(7)对风浪较大的施工环境，应根据实际情况，及时填充沉箱内填料和后方棱体。

3.3.3 扶壁安装要点

一般采用起重船进行吊装。为防止扶壁装卸时，方驳发生横倾，应注意使扶壁的肋平行于方驳纵轴线，且扶壁重心位于方驳的纵轴线上。安装控制与方块、沉箱基本相同。

3.4 水上沉桩安全作业要点

3.4.1 水上沉桩的开工前准备

(1)熟悉相关图纸。

(2)现场施工条件调查。

(3)对于参加水上打桩的所有施工船舶进行安全检查，以确保其性能完好。

(4)编写水上沉桩方案。

3.4.2 沉桩安全控制要点

沉桩过程分为吊桩、退船移船、立桩、桩进龙口背板、定位、下桩、压锤、解扣、锤击等作业步骤。

(1)吊桩。吊桩所用钢丝绳扣、卡环应经过计算后选用，它的长度和拉力都应满足安全使用要求。桩的吊点数由设计确定，吊点位置则通过计算确定。

(2)移船、桩入龙口和定位：桩水平吊起后，打桩船即移船。打桩船在移位时应注意锚缆位置，防止缆索拌桩或伤人。

当桩吊起至适当高度后再立桩入龙口，此时，应防止桩尖触及泥面造成断桩。

(3)自沉和锤击沉桩。桩定位完成后，缓慢放松吊桩的绞车，桩身缓缓自沉入土。桩自沉结束后，将锤压在替打上，使桩继续下沉，待压锤结束稳定后解除吊桩扣，开始锤击沉桩。这一作业步骤应注意：

①桩位经测量人员复核，确认无误后，方可锤压，使锤和桩一起下沉。

②应在桩身自沉并压锤结束之后解除吊桩扣，严禁桩尚未停稳之前解扣。

③当桩的贯入度发生异常、桩身突然下降(溜桩)、桩身突然移位或发生过大倾斜、桩身出现严重裂缝和破碎掉块等情况，应立即停止锤击，待查明原因，采取相应的技术措施后再恢复沉桩。

(4)打桩结束后对已打完的桩应及时采取保护措施。

(5)夹桩应及时。

(6)保持安全距离。在停止施工后，所有作业船舶都必须尽可能远离已打桩，或保持一定的安全距离。

(7)设置警示标志。在已沉完的桩基两端设置标志，夜间设置红灯，悬挂警示标牌。

3.5 水上抛石安全作业要点

水上抛石分人力抛填和抛石船抛填两种方法。

3.5.1 抛石工

(1)作业前必须着好防护用品，水上作业必须

水运工程篇

配备好救生设备。

(2)作业船及抛石人员应服从抛石指挥人员统一指挥，不得随意乱抛。

(3)应按交通船规定人数搭乘交通船，不得超载。

(4)船只带缆应选择适当位置，码头新框架和梁柱均不得带缆。

(5)抛石过程中测量水深时，必须暂停抛石。

(6)搬石应由上而下分层进行，以防塌落损伤手脚，并随时注意身边人员。

(7)在块石上负重行走，要步步稳妥，以防石头翻滚滑动造成事故。

(8)用起重设备吊起大块石，有关绳索、夹具必须完好。推石落水时要注意安全站立于适当的位置。

(9)夜间工作时，必须有足够的照明及信号。

3.5.2 抛石船只

(1)开工前应报告当地海事监督部门。作业时，应按要求悬挂慢车旗号、灯标。

(2)船只应经船检部门检查合格后方可使用，施工期间按规定应设置临时码头、航行标志及救护、消防等设施。

(3)船只在航行前，应检查各部位的机械与设施是否良好，不得带病作业。

(4)定位船及抛石船驻位后，应在涉及航域范围内设置警示标志。抛锚时，锚链滚滑附近不得站人。

(5)遇有大风天气应停止水上作业并加固锚缆，若风力继续增大，应转移至安全地区避风。遇有雨、雾天气，视线不清，船只应挂示规定灯信号，或按规定鸣号必要时应停止航行或作业。

(6)石料装船时严禁超载、偏载，必要时应加配重，调整平衡。

(7)采用定位船配合作业，抛石船泊靠时，应保持船体稳定，两船体连接时，必须使连接牢固、稳定可靠。

(8)抛石船舶抛填块石时，其系缆绳应系在定位船或岸侧临时系缆墩上，不允许系在未施工完构造物上。

3.6 深基坑支护安全作业要点

(1)重视支护结构的施工质量。

(2)重视坑内及地面的排水措施，确保开挖土体不受雨水冲刷，并减少雨水渗入。

(3)挖出的土方以及钢筋、水泥等建筑材料和

大型施工机械不宜放在坑边，应尽量减少坑边的地面荷载。

(4)当采用机械开挖时，挖土应严禁碰撞支撑和超挖，尽量减少施工机械对围护结构的影响。

(5) 当支护体采用钢筋混凝土或水泥混凝土时，应注意其养护龄期，保证达到设计强度后再进行基坑土方开挖。

(6)基坑开挖前应了解工程的薄弱环节，严格按照施工组织设计施工，并准备好应急措施。

(7)注意各部门的密切合作，尤其要保护好监测点，为监测单位提供方便。

3.7 水下切割焊接安全作业要点

(1)水面部分

水面支持人员应熟练掌握相关技术并督促、支持潜水员执行水下安全操作。要用的水面设备须固定在指定地方，手上沾有油脂或戴沾有油脂的手套时不得开启氧气阀门。氧气和可燃气瓶不得放置在高温处，也不得暴晒或撞击。严禁火种接近氧气及可燃气体。所有电器、电缆、电割刀接头等都要绝缘，防止漏电。所有设备和器具都要经常检查，并应及时修理或更换失灵部件。

(2)防止水下触电的措施

①施工前须对作业人员进行安全用电教育。

②作业人员要戴绝缘手套，使手保持干燥状态，且不与带电体直接接触。

③作业前或作业中间，需要更换焊条或切断焊丝时，应通知水上人员断电。

(3)特殊劳动保护要求

①防止弧光灼烧眼睛。按着潜装具的轻重相应配戴合适颜色的护目镜或软性角膜接触镜。

②防止高温金属或电弧灼伤。

③注意潜水呼吸气体的卫生。作业时应将潜水空气泵放到作业区的上风位置和空气新鲜的地方。

(4)安全操作技术要点

①施工前必须详细调查作业现场，制订切实可行的作业方案，做好人员组织工作，包括人员分工、定岗位、定责任。

②做好作业准备，备齐器材，清除作业区域内可能危及作业安全的障碍物和各种易燃易爆物质。

③作业人员只能从事上岗证上登记的岗位工作。

④焊接作业所用的船舶应停泊可靠，与作业无关的船舶禁止进入作业区。

⑤焊接作业时，要根据结构特点和环境情况设置操作平台，或采取其他措施稳定作业位置。

⑥焊接作业时，应及时排除结构中积聚的气体，以防止爆炸。

⑦水下切割时，应分层进行，先切割上层，逐渐下移。切割密闭容器时，应在切割前开好排气洞，不可直接用高温切割法进行切割。

⑧焊接切割作业结束后，应立即将水下设备和工具取出水面，用清洁淡水清洗干净。

3.8 吹填工程围埝及管线布设安全作业要点

(1)在施工过程中，应使施工船舶、排泥管、围埝、排水口协调工作。

(2)吹填区应设立警示标志，禁止外来人员进入吹填区嬉戏和停留。

(3)管线人员在调节溢水水门高度或开关水门阀时应至少两人同行并穿好救生衣。

(4)若筑埝与吹填工作同时进行，要注意筑埝工作所用电线必须架空，移动排泥管时切忌在电线上滚过。

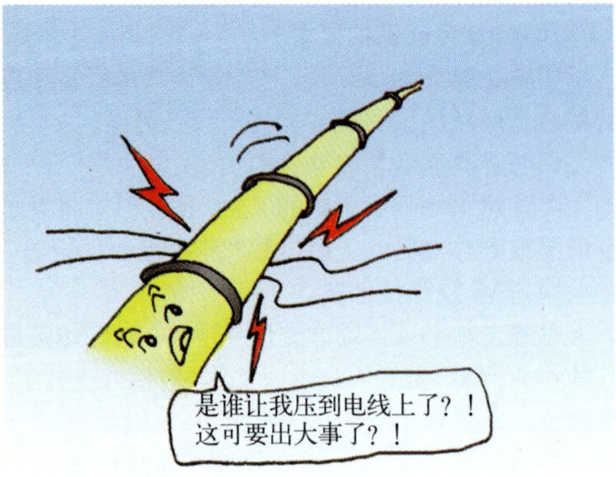

(5)防止堆放在埝顶的排泥管滑落伤及路人。

(6)对围埝尤其是土围埝易受冲刷的地方要重点防护。

(7)在排泥管口设立“停留危险” 警示标志，禁止人员在排泥管出口站立。

3.9 沉排和铺排施工安全作业要点

(1)开工展布时，沉排和铺排施工船应尽量泊在施工区域的上游，条件不允许时，才可以泊在下游。

(2)开工展布（或收工集合）必须按施工通告或通电内容实施，并应与当地航道处（站），信号台联系，约定内部联系信号后才能进行。

(3)开工展布（或收工集合）之前，必须召开作业会议，由船长交代任务，制定安全措施，明确分工。

(4)开工展布（或收工集合）由铺排船船长统一指挥，并派专人负责瞭望和联系。

(5)拖轮拖铺排船定位时，应在施工区上游水态较好的水域调头下退，严禁在滩头险处调头；铺排船接上主缆后，在拖轮的拖带下，尽量按照事先拟定的航向下退至疏浚区域，以便保证主缆顺直，然后接过江横缆，最后接过江沉链。在拖轮拖过江沉链时，应防止铺排船甩动。

(6)沉链与“地牛”的接头工作，系多船联合作业，事先必须详细研究，明确分工，共同协作，由铺排船大副在带缆艇上统一指挥。

(7)铺排船定位工作完成后，铺排船船长必须亲自检查钢缆、沉链等连接情况，确认无异常后，方可进行下道施工工序。

(8)沿海区域施工时，还应注意做好防风、防浪、涨落潮的防范及准备工作。

(9)施工用电必须符合安全用电的规定，电杆、电箱、电源电线的安装，必须认真检查，达到标准。

3.10 水上排泥管线拖运安全作业要点

(1)水面排泥管线敷设

①水面管线应根据水流、风向敷设成平滑的弧形，并抛锚固定。

②在港口、航道施工时，水面管线夜晚应装灯显示，管子锚应设置锚漂显示。

③水面排泥管不宜过长，在风浪、流速较大的地区，宜在300～500米之间。

(2)水下管线和潜管敷设

①敷设前应对敷设水域进行水深测量，测图比例宜采用1：1000～1：2000。

②水下管线宜采用胶管柔性连接，也可采用刚性连接。

③潜管组装应在靠近沉放区、波浪和潮流较小的水域进行。

④潜管下沉应在风浪较小、憩流时进行。

⑤沉放后的管线两端应下锚固定，并设警戒标志。

(3)水上浮筒式排泥管线出海拖带。

①被拖的浮筒必须经过检查，不得有破损和漏水及倾斜现象。

②每次拖带的浮筒管线长度不应超过250米或30套。浮筒与管子之间，及管子之间必须卡接牢固，排列平整。首端的管口应用盲板密封。

③浮筒管线两侧各用一根钢缆从头至尾将每一套浮筒系牢加固，以增强被拖管线的整体性。

3.11 水上测量安全作业要点

水运工程测量包含的内容非常广泛，本处只叙述水深测量的安全作业要求。除了测量船船员必须遵守航行船舶通用的安全守则外，测量人员还应遵守如下安全作业要求：

(1)测量人员上船工作时必须穿好救生衣，严禁穿拖鞋。

(2)测量作业前认真收听气象预报，了解测区的情况。

(3)在大风浪中严禁高空作业，航行中严禁舷外作业。

(4)测量船上高空及舷外作业人员要戴好安全帽，系好保险带，并有他人守护配合，上下传递器物时严禁抛掷。

(5)用扫具进行水下障碍物探测时应加强工作船间的联系，按照避碰规则及早避让来往它船；工作船扫测到障碍物后应停车并对障碍物定位，潜水员下水探摸障碍物时必须悬挂规定的信号旗；工作人员收放扫海钢缆时应严格遵守操作规程。

(6)遇大风、视线不良情况及夜间不宜用扫具进行水下障碍物探测作业。

(7)水深测量如需使用准绳以确定测量断面时，工作人员不准将准绳系扣在手上。

4 水运工程施工常见安全事故

本章按事故分类列举了水运工程施工中常见的安全事故，施工作业人员可以从中受到启发，防止类似安全事故的发生。

第一类 机械伤害

1. 指挥作业时，被推倒的梁压住，造成重伤。

2. 被断裂的手拉葫芦铁链打伤（物体打击）。

3. 部件从高处落下击伤死亡。

4. 清理拌和设备时，其他人不知情操作致使作业人员被混凝土拌和设备绞伤。

5. 安装门机时，起重机发生故障，造成门机塔柱倾倒、3名员工死亡。

6. 起重机吊杆断裂，构件落下，站在构件下方的操作人员被砸死。

7. 吊车作业时，发生侧翻，将作业人员压成重伤后死亡。

8. 船员在进行摆动缆更换作业时，所站位置不当，被钢缆击伤脾脏。

9. 起吊作业时，头部被撞，抢救无效死亡。(物体打击)

10. 钢板进行焊接时，吊机将吊钢板的钢链放得太长，致使钢板着地，钢链力不够，钢板夹自动松开，砸到焊工，致重伤。

11. 船员用钩子打捞浮筒时，右锚缆突然脱离船舷右前角，弹到甲板上，击伤船员。(物体打击)

12. 钳工在没有停机的情况下，给搅拌机加油，右手拇指被齿轮碾折两节，造成重伤。

13. 施工中被铺排用滚筒联轴器的手柄绞到衣袖口，人被带至联轴器下方的电机与齿轮箱之间，造成多处骨折。

14. 在清理铰刀头作业时被绞刀齿碰伤。

15. 在钢管桩拼接过程中，人员被钢丝绳卷入。

16. 施工作业中，升降梯突然坠落，压于工人身上。

第二类 大风施工

1. 因遇大风浪，船体进水沉没。

2. 在沉箱储存场拖运沉箱，遇大风，造成工人溺水死亡。

3. 在海上施工遭遇强风，发生船舶倾覆事故，造成10人落水，8人死亡。

第三类 触电

1. 作业人员在未拉闸断电，且未向任何人告知的情况下，对施工船上的探照灯进行维修，不慎触电身亡。

2. 职工在检查拖泵时触电死亡。

3. 修船时不慎触电死亡。

4. 在接电焊机二次电源线接头时，其他人误将电焊机一次电源线交给操作人员，致使其触电死亡。

第四类 未穿救生衣或穿戴不规范

1. 因未穿救生衣，落水后溺水死亡。

2. 在船上进行测量作业时，未穿救生衣，落水死亡。

3. 在船边作业失足落水。

4. 打桩工在桩架上解扣时(未穿救生衣, 未系安全带)被钢丝绳弹倒后失足坠海死亡。

第五类 高空坠落

1. 工人在预制套箱拆除内模时, 从 4 米高处坠落。

2. 在高架作业时, 从 2.8 米高处坠下。

3. 在桥梁工地上进行廊道支架作业时, 从作业平台上攀住电缆想爬到廊道上喝水, 爬的过程中从 7 米高的作业平台跌落后死亡。

4. 修船时从高处坠落，造成重伤。

5. 吊架坠落，导致 2 名作业人员坠落死亡。

6. 因突然遭遇强风、停电，吊机冲毁轨道末端止挡器，从 15 米高处坠落，操作员随吊机坠落身亡。

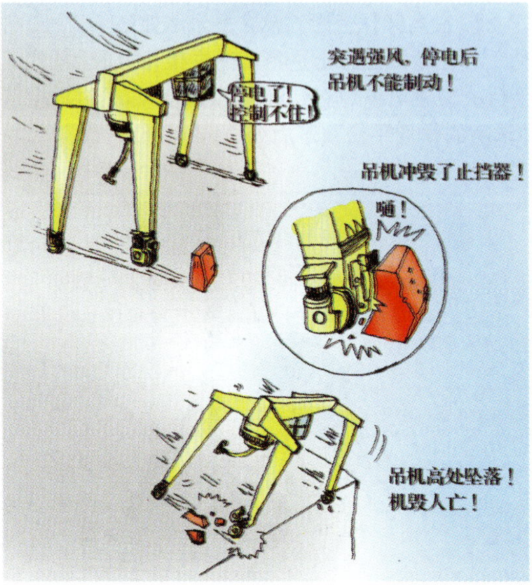

第七类 山体滑坡

遭遇山体滑坡，致使35名农民工死亡。（群死群伤）

第六类 轮船事故

1. 施工作业时，因违规操作，发生架子倾斜，从高处坠落。

2. 租用民间交通船，超载造成倾覆事故，造成 16 人落水，3 人死亡。（群死群伤）

3. 租用"三无"船只作业，超载，造成船只沉没，9 人落水，7 人死亡。

第八类 水上交通事故

1. 操作不当发生倾翻。
2. 遇大风浪倾覆(大风天未停止作业)。
3. 两船碰撞(不注意观察瞭望)。

第九类 火灾

1. 突发电压线路短路，引起火灾。

2. 与外轮相撞，油漆间着火。

交通建设工程安全生产
相关法律、法规和标准指引

※ 《中华人民共和国安全生产法》(简称《安全生产法》，2002 年 11 月 1 日起实施)。

※ 《中华人民共和国公路法》(简称《公路法》，1998 年 1 月 1 日起实施)。

※ 《中华人民共和国建筑法》(简称《建筑法》，1998 年 3 月 1 日起实施)。

※ 《中华人民共和国环境保护法》(简称《环境保护法》，1989 年 12 月 26 日起实施)。

※ 《中华人民共和国刑法》(简称《刑法》，其中有一部分关于建设工程安全生产的规定)。

※ 《中华人民共和国行政处罚法》(简称《行政处罚法》，1996 年 10 月 1 日起实施)。

※ 《中华人民共和国海上交通安全法》(简称《海上交通安全法》，1984 年 1 月 1 日起实施)。

※ 《建设工程安全生产管理条例》(2004 年 2 月 1 日起施行)。

※ 《安全生产许可证条例》(2004 年 1 月 7 日起施行)。

※ 《国务院关于特大安全事故行政责任追究的规定》(2001 年 4 月 21 日起施行)。

※ 《特别重大事故调查程序暂行规定》(1989 年 3 月 29 日国务院令第 34 号发布)。

※ 《工伤保险条例》(2004 年 1 月 1 日起施行)。

※ 《企业职工伤亡事故报告和处理规定》(1991 年 2 月 22 日中华人民共和国国务院令第 75 号发布)。

※ 《中华人民共和国内河交通安全管理条例》(简称《内河交通安全管理条例》，2002 年 8 月 1 日起施行)。

※ 《工程建设重大事故等级划分和报告制度》(中华人民共和国建设部令第 3 号，1989 年 9 月 30 日)。

※ 《中华人民共和国水上水下施工作业通航安全管理规定》(2000 年 1 月 1 日起实施)。

※ 《企业伤亡事故分类》(GB 6441—1986)。

※ 《公路工程施工安全技术规程》(JTJ 077—95)。

※ 《公路养护安全作业规程》(JTG H30—2004)。